常见树木 图鉴

曲同宝 编著

黑龙江科学技术出版社
HEILONGJIANG SCIENCE AND TECHNOLOGY PRESS

图书在版编目（CIP）数据

　　常见树木图鉴 / 曲同宝编著 . −− 哈尔滨：黑龙江
科学技术出版社，2017.9
　　ISBN 978-7-5388-9326-7

　　Ⅰ.①常… Ⅱ.①曲… Ⅲ.①园林树木−图集 Ⅳ.
①S68-64

　　中国版本图书馆 CIP 数据核字 (2017) 第 187786 号

常见树木图鉴

CHANGJIAN SHUMU TUJIAN

编　　著	曲同宝	
责任编辑	闫海波	
策划编辑	深圳市金版文化发展股份有限公司	
封面设计	深圳市金版文化发展股份有限公司	
出　　版	黑龙江科学技术出版社	
	地址：哈尔滨市南岗区公安街 70-2 号　　邮编：150007	
	电话：（0451）53642106　　传真：（0451）53642143	
	网址：www.lkcbs.cn www.lkpub.cn	
发　　行	全国新华书店	
印　　刷	深圳市雅佳图印刷有限公司	
开　　本	720 mm×1020 mm　　1/16	
印　　张	10	
字　　数	38 千字	
版　　次	2017 年 9 月第 1 版	
印　　次	2017 年 9 月第 1 次印刷	
书　　号	ISBN 978-7-5388-9326-7	
定　　价	39.80 元	

目录
Contents

小乔木或大灌木

常绿小乔木或大灌木

落叶小乔木或大灌木

灌木

常绿灌木

落叶灌木

藤本

常绿藤本

落叶藤本

竹类

如何使用本书

本书是选择和辨认常见树木的快速指南。

《常见树木图鉴》一书包含常见树木282种，主要选择各地区（如公园、道路及庭园等）较常见的树木。按树木生长形态分成**乔木、小乔木、灌木、藤本**及**竹类**；再按季相分为**常绿**或**落叶**树种；最后按树木的**学名**首字母进行排序。

全书描写每个树种时，主要介绍了该树种的中文名、拉丁名、别名，树种所在的科属、分布以及特征。每一个树种都配有一张生态图和一张特征图，读者可以根据图片及文字了解树种的整体形态和主要特征；在此基础上辅以树种叶的排列方式、植株的高度、花期及果期标识，以便更容易辨识生活中常见的树木。

查询方法

本书列举以下两种查询方法，读者可以根据需要，选择适当的方法运用。

一、目次查询法

已知树木的学名（拉丁名），根据树木的类别缩小查询范围。再根据学名的首字母逐页查询，便可找到该树木的中文名和所在的页码。

二、笔画检索法

已知树木的中文名称，根据中文名第一个字的笔画，查询所在笔画对应的字头，从而缩小查询范围，再逐页查询。

本书使用方法

检索书眉：

分为上下两部分，上部为
株形，包括：

- 乔木
- 小乔木或大灌木
- 灌木
- 藤本
- 竹类

下部按**季相**分为：

- 常绿乔木
- 落叶乔木
- 常绿小乔木或大灌木
- 落叶小乔木或大灌木
- 常绿灌木
- 落叶灌木
- 常绿藤本
- 落叶藤本

学名：

即植物的拉丁名，通常以
二名法表示

别名：

地方名、用途名、商业名以
及历史习惯称呼

特征：

对物种外部形态的描述及其
生长特征的说明

植物名称　科名　属名　　　树叶的排列方式

乔木

常绿乔木

柳杉
Cryptomeria fortunei
- 科名 杉科
- 属名 柳杉属
- 别名 长叶孔雀松
- 分布 我国南部。生长于海拔400~2500m的山谷、小溪边，山坡丛林中地带。
- 特征 树皮红棕色，会开裂成片状并脱落。小枝绿色，常呈下垂状态。叶深绿色，稍向内弯曲，针形。穗状花序较短，单生叶腋下或短枝上。果圆球形。树干胸径可达2m。

轮生
40m

植株高度：
树木生长的高度

4 月
花期：
开花的时间

8~10 月
果期：
开始结果到成熟的时间段

柏木
Cupressus funebris
- 科名 柏科
- 属名 柏木属
- 别名 垂丝柏、香扁柏
- 分布 我国南部和西南部。生长于海拔1000m以下的不同地区江带流域或纯木林地带。
- 特征 树皮褐灰色，有细长条裂片。小枝绿色，细长下垂状。叶先端尖锐，两侧对折，表面无毛。花椭圆形，淡绿色。果圆球形，成熟为暗褐色。树干胸径可达2m。

014

轮生
35m

3~5 月

3~5 月

分布：
包括生长地的简介以及生长环境的描述

紫竹
Phyllostachys nigra
- 科名 禾本科
- 属名 刚竹属
- 分布 原产我国，现我国南北各地都有栽培。在印度、日本和欧美国家都有引种栽培。
- 特征 竿幼时绿色，密被短柔毛和白粉，一年后逐渐开始出现紫斑，最后全部变为紫黑色，节间长度25~30cm。叶片薄质，披针形。短穗状花枝，佛焰苞4~6片，内有1~3枚假小穗。小穗披针形。

互生
4~8m

4 月下旬

植株高度：
竹子生长的高度

笋期：
出笋时间

乔木

  乔木是指高度达到 6m 以上且有明显主干的木本植物的统称。人们根据它们的高度不同将高于 18m 的乔木树种称为大乔木，将矮于 9m 的乔木树种称为小乔木。根据落叶特性又分为"常绿乔木"和"落叶乔木"。常绿乔木是指叶片脱落后就长出新叶，常年都有绿叶的乔木；落叶乔木是指由于季节和气候的影响，在某个时间段树的叶片会全部脱落，直到第二年再长出幼叶的乔木。乔木的分布十分广泛，就算环境恶劣如沙漠、戈壁滩也有它们的身影。

冷杉

Abies fabri

科名　松科

属名　冷杉属

别名　塔杉

分布　我国特有树种，产于我国西南地区江河流域地带。生长于海拔2000~4000m的高山地带，气候寒冷阴凉的山坡、半阴坡、山谷形成林等地。

特征　树皮白灰色或深灰色，有纵向裂纹。枝淡褐色或淡灰黄色，向上斜伸展。叶绿色，条形，表面光滑无毛，边缘无锯齿。球果暗黑色。树胸径可达1m，整体呈塔型。

对生

约40m

5月

10月

台湾相思树

Acacia confusa

科名　豆科

属名　相思子属

别名　台湾柳、相思子、相思树

分布　原产中国台湾，现我国南部地区有栽培种植。生长于海拔300m以下的荒山、沿海地带。

特征　树皮灰色。枝褐色或灰色，表面光滑无刺。叶绿色，披针形，边缘光滑无锯齿。花金黄色，带有淡淡的香味，球形。荚果扁平，表面无毛有光泽，深褐色。

互生

6~15m

3~10月

8~12月

南洋楹

Albizia falcataria

科名 豆科

属名 合欢属

别名 仁仁树、仁人木

分布 原产马六甲及印度尼西亚马鲁古群岛，现广植于各热带地区，我国福建、广东、广西有栽培。

特征 树皮灰色，树干笔直。叶片深绿色，总叶柄有腺体，小叶先端尖。花先白色后渐黄，单个腋生或多数组成圆锥花序，花萼呈钟形。荚果带状，成熟后会裂开，内有种子。

对生

10~25m

4~5 月

6~8 月

石栗

Aleurites moluccana

科名 大戟科

属名 石栗属

别名 烛果树、油桃、黑桐油树

分布 我国南部地区。生长于光照充足，湿度较低的疏林等地带。

特征 树皮暗灰色，有少许纵向浅裂纹。枝灰褐色，表皮近无毛状。叶深绿色，卵形到椭圆状披针形，无毛。花乳白色至黄色，多数成堆生长，花瓣长圆形。果近球形，浅绿色。

互生

18m

4~10 月

10~12 月

糖胶树

Alstonia scholaris

科名　夹竹桃科

属名　鸡骨常山属

别名　象皮树、灯架树、黑板树

分布　我国南部及西南局部等地区。生于海拔650m以下的山地疏林、路边或水沟边地带。

特征　枝褐色，表面无毛。叶绿色，倒卵形或披针形，表面无毛。花白色，多朵组成稠密的聚伞状花序，顶生，被柔毛。果灰白色，果皮近革质，细长。树干胸径约60cm。

轮生

20m

6~11月

10月至翌年4月

南洋杉

Araucaria cunninghamii

科名　南洋杉科

属名　南洋杉属

别名　澳洲杉、塔形南洋杉

分布　原产大洋洲东南沿海地区。我国南部等地区有栽培，长江以北有盆栽。

特征　树皮灰褐色，有横向裂纹。枝向外斜展，轮生。叶浅绿到深绿，树幼时叶片呈针形，成熟后为卵形或三角形。

对生

70m

10~11月

翌年8月

槟榔

Areca catechu

科名 棕榈科

属名 槟榔属

别名 槟榔子、橄榄子、青仔

分布 我国海南省。生长在海拔1000m以下的热带地区，适应高温湿热环境。

特征 树干笔直，有明显环痕。羽状叶簇生于茎顶部，顶端有不规则裂齿。花淡黄色至白色，多呈分枝状花序，花瓣近圆形。果实长圆形或卵球形，绿色，皮厚。

互生

10~25m

3月

4月

桄榔

Arenga pinnata

科名 棕榈科

属名 桄榔属

别名 莎木、糖树、砂糖椰子

分布 我国南部以及西南局部地区。生长在气候温暖湿润的地带。

特征 树干直径可达5~10m。叶簇生在茎的顶端，羽状全裂，羽片呈2列排列，线形或披针形，叶表绿色，叶背苍白色。花序腋生，粗壮梗多分枝。果实灰褐色，近球形。

互生

5~10m

6月

开花两年后成熟

波罗蜜

Artocarpus heterophyllus

科名 桑科

属名 波罗蜜属

别名 木波萝、树波罗

分布 可能原产印度西高止山。我国南部常有栽培。

特征 树干胸径可达30~50cm。树皮黑褐色，较厚。叶椭圆形，表面光泽无毛，背面灰浅绿色。花淡黄色，生于茎或短枝上。果椭圆至球形，幼时浅黄色，成熟时黄褐色。

互生

10~20m

2~3月

6~7月

面包树

Artocarpus incisa

科名 桑科

属名 波罗蜜属

别名 罗蜜树、马槟榔、面磅树

分布 原产太平洋群岛及印度、菲律宾。我国台湾与海南有栽培。

特征 树皮灰褐色，全株有乳汁。叶表墨绿色，无毛，有光泽，叶背浅绿色。花朵黄色，穗状花序，单生叶腋。果实近球形，绿色至黄色，成熟时褐色至黑色。

互生

10~15m

4~6月

8月

红千层

Callistemon rigidus

- 科名 桃金娘科
- 属名 红千层属
- 别名 金宝树
- 分布 原产澳大利亚，我国东南部及南部地区有栽培。
- 特征 树皮灰褐色，皮质坚硬。枝幼时有毛。叶深绿色，线形，先端渐尖，边缘无锯齿，叶柄短。花鲜红色，顶生在枝端，花瓣绿色，卵形。果半球形。

互生

2~5m

6~8 月

10~11 月

翠柏

Calocedrus macrolepis

- 科名 柏科
- 属名 翠柏属
- 别名 长柄翠柏、山柏树、翠蓝柏
- 分布 我国西南、华南等地。生长于海拔800~2000m的地带。
- 特征 树皮红褐色或褐灰色，有纵向裂纹。小枝互生，呈尖塔形。叶为鳞叶，扁平状，顶部尖。花黄色，生于短枝顶端。球果矩圆形，成熟后为红褐色。树干胸径可达1m。

对生

30~35m

3~4 月

9~10 月

橄榄

Canarium album

科名 橄榄科

属名 橄榄属

别名 青果、山榄、忠果

分布 我国南方地区。生于海拔1300m以下的山谷山坡的杂木林地。

特征 树皮灰绿色。叶表深绿色，无毛，叶被脉上有少量刚毛，叶片先端渐尖。花白色，厚肉质，花序腋生，多数花丛生。果成熟时黄绿色，卵圆形。树干胸径可达150cm。

对生

10~25m

4~5月

10~12月

鱼尾葵

Caryota ochlandra

科名 棕榈科

属名 鱼尾葵属

别名 青棕、假桃榔

分布 我国南部地区。生长于海拔450~700m的山沟林地。

特征 直立树干，胸径15~35cm，茎绿色。叶片绿色，大型，革质，顶部羽片大，侧部羽片小。花呈黄色，花序具有多数穗状分枝，花瓣椭圆形。果红色，球形。

互生

10~15m

5~7月

8~11月

铁刀木

Cassia siamea

科名　豆科

属名　决明属

别名　黑心树

分布　我国除云南有野生外，南方各省区均有栽培。生长于光照强度大，气候温湿的地方。

特征　树皮灰色，稍带纵向裂纹。叶革质，小叶对生，表面光滑无毛，背面粉白色，边缘无锯齿，顶端圆钝。花呈黄色，花瓣倒卵状，花序生于枝条顶端。荚果扁平，有柔毛。

互生

10m

10~11 月

12 月~
翌年 1 月

木麻黄

Casuarina equisetifolia

科名　木麻黄科

属名　木麻黄属

别名　马毛树、驳骨树

分布　原产澳大利亚和太平洋岛屿。我国南部和东南部沿海地区有栽培。

特征　树干通直，树皮幼时较薄，成熟时粗糙，有不规则纵向裂纹，深褐色。叶鳞片状，披针形或三角形。花雌雄同株或异株，小苞片有缘毛。果质坚硬。

轮生

30m

4~5 月

7~10 月

雪松

Cedrus deodara

科名　松科

属名　雪松属

别名　香柏

分布　分布于阿富汗、印度，海拔1300~3300米地带。我国广泛栽培做庭园树。

特征　树皮深灰色，有不规则鳞片状裂纹。枝向下斜垂，淡灰色。叶在长枝上辐射伸展，短枝之叶成簇生状，针形，先端渐尖。花卵圆形。果成熟后红褐色，椭圆形。树干胸径可达3m。

簇生

40~50m

10~11 月

翌年 10月

三尖杉

Cephalotaxus fortunei

科名　三尖杉科

属名　三尖杉属

别名　桃松、狗尾松、三尖松

分布　我国华北、华南以及西南等地区。生于海拔800~2000m的丘陵、山地。

特征　树皮褐色，开裂成小块脱落。叶表深绿色，条形披针状，先端渐尖，叶背带白色气孔。花丝短，总花梗粗。果实深红色，表皮光滑无毛。树干胸径达40cm。

对生

20m

4 月

8~9 月

肉桂

Cinnamomum cassia

科名 樟科

属名 樟属

别名 玉桂、牡桂、玉树、大桂

分布 我国华东、华南地区。生长于气候温暖，阳光充足的沙丘、斜山坡。

特征 树皮灰褐色。枝条黑褐色，有纵向细条纹。叶表光泽无毛，三出脉；叶背淡绿色，有少量短绒毛。花白色，呈聚伞状圆锥形。果成熟时黑紫色。

互生

10m 以上

6~8 月

10~12 月

猴樟

Cinnamomum bodinieri

科名 樟科

属名 樟属

别名 香树、楠木、猴挟木、樟树

分布 我国华南及西南地区。生长于海拔700~1400m的路边、疏林丛地带。

特征 树皮红褐色，小枝暗紫色。叶卵圆形，叶表光滑无毛，叶背苍白色，密生绢毛。圆锥花序腋生，裂片内有白色绢毛。果实绿色，成熟时黑红色，表面光滑无毛。

互生

16m

5~6 月

7~8 月

天竺桂

Cinnamomum japonicum

科名 樟科

属名 樟属

别名 大叶天竺桂、竺香、山肉桂

分布 我国的东南部地区。生于海拔300~1000m或以下地带。

特征 细枝条呈圆柱形，红褐色具有香味。叶表光亮，离基三出脉近于平行，叶背灰绿色，两面均无毛，边缘无锯齿。花呈聚伞状腋生，花被裂片先端尖锐，外边无毛。果长圆形，表皮无毛。

互生

10~15m

4~5月

7~9月

沉水樟

Cinnamomum micranthum

科名 樟科

属名 樟属

别名 大叶樟、萝卜樟

分布 我国东南部地区。生于海拔100~800m之间的山坡、林地、路边及河水旁等地带。

特征 树皮黑褐色，坚硬较厚。枝条茶褐色，圆柱形。叶长圆形或椭圆形，羽状脉，边缘无锯齿，先端渐尖。花白色或紫红，无毛，有香气。果椭圆形，表皮光滑无毛。

互生

14~20m

7~8月

10月

柚

Citrus maxima

【科名】 芸香科
【属名】 柑橘属
【别名】 文旦、香栾
【分布】 我国长江以南地区。一般生长在光照充足但忌过于强烈，土壤水分含量高的地带。
【特征】 叶深绿色，椭圆形，被有柔毛。花淡白色，总状花序腋生。果淡黄色或黄绿色，球圆形，果皮厚，带油包，带刺激清爽性气味，果肉汁多。

轮生

6~10m

4~5月

9~12月

蝴蝶果

Cleidiocarpon cavaleriei

【科名】 大戟科
【属名】 蝴蝶果属
【别名】 山板栗、猴果、密壁
【分布】 我国西部和西南地区。生长于海拔150~750m的山地、沟谷常绿树林地带。
【特征】 树皮灰色，树干胸径可达100cm。叶椭圆形，先端渐尖；表面深绿色，光滑无毛，背面浅绿色。花淡绿色偏白，呈圆锥状花序。果卵球形，果皮革质。

互生

25m

5~11月

5~11月

柳杉

Cryptomeria fortunei

科名 杉科

属名 柳杉属

别名 长叶孔雀松

分布 我国南部。生长于海拔400~2500m的山谷、小溪边，山坡丛林中地带。

特征 树皮红棕色，会开裂成片状并脱落。小枝绿色，常呈下垂状态。叶深绿色，稍向内弯曲，针形。穗状花序较短，单生叶腋下或短枝上。果圆球形。树干胸径可达2m。

轮生

40m

4月

8~10月

柏木

Cupressus funebris

科名 柏科

属名 柏木属

别名 垂丝柏、香扁柏

分布 我国南部和西南部。生长于海拔1000m以下的不同地区江带流域或纯木林地带。

特征 树皮褐灰色，有细长条裂片。小枝绿色，细长下垂状。叶先端尖锐，两侧对折，表面无毛。花椭圆形，淡绿色。果圆球形，成熟为暗褐色。树干胸径可达2m。

轮生

35m

3~5月

3~5月

降香

Dalbergia odorifera

科名　蝶形花科
属名　黄檀属
别名　花梨木、降香黄檀
分布　我国海南省。一般生长在光照较好的山坡、疏林地带。

特征　树皮褐色，有纵向裂纹。叶卵形或椭圆形，表面有明显叶脉。花乳白色或淡黄色，无斑点，圆锥状腋生，体型小，数量多。果扁长圆形，顶端钝或尖。

互生

10~15m

4~6月

6~8月

龙眼树

Dimocarpus longan

科名　无患子科
属名　龙眼属
别名　福眼、桂圆
分布　我国西南、华南、东南等地区。生长于海拔800m以下的低丘陵地带。

特征　树皮黄褐色，粗糙，会成片脱落。叶深绿色，长圆形，边缘无锯齿，先端渐尖。花黄白色，花序顶生或腋生。果球形，皮土黄色，无毛，有果核。

互生

20m

3~4月

6~9月

人面子

Dracontomelon duperreanum

- 科名　漆树科
- 属名　人面子属
- 别名　人面树、银莲果
- 分布　我国南部地区。生于海拔100~350m的丘陵、河边等地带。
- 特征　树干粗壮有纹路。叶绿色，椭圆形，边缘无锯齿，先端渐尖，叶背有灰白色柔毛。花白色，花序顶生或腋生，花瓣披针形，无毛。果扁球形，成熟后黄色。

互生

20m

5~6月

7~8月

油棕

Elaeis guineensis

- 科名　棕榈科
- 属名　油棕属
- 别名　油椰子
- 分布　原产非洲热带地区。我国南部地区有栽培。
- 特征　直立乔木状。叶片羽状全裂，顶生于茎。雌雄同株异序，雄花序穗状，雌花序近头状；苞片大，长圆形，顶端渐尖。果卵球形，成熟时呈橙红色。树干胸径可以达50cm。

互生

10m

6月

9月

杜英

Elaeocarpus decipiens

科名 杜英科

属名 杜英属

别名 假杨梅、梅擦饭、青果

分布 我国华中、华南及西南地区。生于400~700m的林地或路边。

特征 树皮灰白色，嫩枝被毛。叶片深绿色，会突变成紫红色，披针形，先端渐尖。花白色，花瓣倒卵形，无斑点，有微毛。果椭圆形，外果皮光滑无毛。

互生

5~15m

6~7月

8~12月

水石榕

Elaeocarpus hainanensis

科名 杜英科

属名 杜英属

别名 水柳树、水杨柳

分布 产于我国海南、广西南部及云南东南部。生长于河边及低洼湿地地带。

特征 树冠宽广。叶片聚集在枝干顶部生长，披针形，叶表光亮无毛，先端渐尖。花白色，花序腋生，苞片卵圆形。果纺锤形，两端尖，内果皮骨质坚硬。

互生

25m

6~7月

7~8月

枇杷

Eriobotrya japonica

科名 蔷薇科
属名 琵琶属
别名 芦橘、金丸、芦枝
分布 我国西南、华南、东南等地区。生长于光照较好，排水良好的地带。
特征 小枝黄褐色，小枝、叶背、花梗、花萼、苞片等都密被锈色绒毛。叶表光亮无毛，披针形或倒卵形，边缘有少数锯齿，先端渐尖。花白色，多数花组成顶生花序，花瓣长圆形。果呈黄色，长圆形，表皮无毛。

互生

10m

10~12 月

翌年 5~6 月

柠檬桉

Eucalyptus citriodora

科名 桃金娘科
属名 桉属
别名 油桉树
分布 原产澳大利亚，我国南部地区有栽培。生长于海拔600m的山坡林地。
特征 树干灰白色，光滑笔直，有脱皮现象。老叶片窄披针形，稍弯曲，深绿色或浅绿色。腋生圆锥花序，花淡黄色，花瓣倒卵形，前端有浅裂。果纺锤形，内果皮骨质坚硬。

互生

28~40m

4~9 月

9~11 月

桉

Eucalyptus robusta

科名 桃金娘科

属名 桉属

别名 桉树、大叶桉、大叶有加利

分布 原产澳大利亚，我国西南及华南地区有栽培。生长于光照充足，气候温润的地带。

特征 树皮深褐色，微厚稍松软。叶革质，卵形，边缘无锯齿，先端渐尖。花白色，伞形花序粗大，多数花聚集而生，花梗短粗。果卵状壶形。

对生

20m

4~9月

7~11月

高山榕

Ficus altissima

科名 桑科

属名 榕属

别名 马榕、大青树

分布 我国南部地区。生长于海拔100~1600m的山地及林地。

特征 叶片广卵形，两面光滑无毛，有明显叶脉，边缘光滑无锯齿，先端渐尖。花小，单性。果实表皮光滑无毛，成对腋生，卵状椭圆形，成熟后呈黄色或红色。

轮生

25~30m

3~4月

5~7月

垂叶榕

Ficus benjamina

科名　桑科

属名　榕属

别名　柳叶榕

分布　我国南部地区。生长于海拔500~800m的杂林地带。

特征　树皮灰色，树冠宽广。叶深绿色，卵状椭圆形，边缘无锯齿，先端渐尖。花柱侧生，花被片数量偏少。果扁球形，成熟后呈红色至黄色。树干胸径可达50cm左右。

互生

20m

8~11月

10~11月

印度榕

Ficus elastica

科名　桑科

属名　榕属

别名　橡皮树、印度胶树

分布　原产不丹、印度、尼泊尔等热带地区，我国云南有野生。生长于海拔800~1500m的山林地带。

特征　树皮白灰色。叶表滑无毛，长圆形，叶背浅绿色，边缘光滑无锯齿，先端渐尖。花柱近顶生，弯曲。果黄绿色，卵圆形。树干胸径可以达40cm。

互生

20~30m

9~11月

9~11月

榕树

Ficus microcarpa

科名 桑科

属名 榕属

别名 细叶榕、万年青

分布 我国东南部地区。一般生长于海拔200~1300m的山地。

特征 树皮深灰色，树冠宽广。叶表光滑无毛，椭圆形，边缘无锯齿，先端渐尖。花柱近侧生，柱头短。果成熟后呈黄色或偏微红，扁球形。树干胸径可达50cm。

互生

15~25m

5~6月

7~11月

菩提树

Ficus religiosa

科名 桑科

属名 榕属

别名 思维树

分布 我国南部地区。生长于海拔400~600m阳光充裕、温暖湿润地区。

特征 树皮灰色，有少量纵向细纹。树冠宽广。叶表光亮无毛，三角卵形，边缘为波浪形。花柱纤细，柱头小。果红色，表面光滑，扁球形。树干胸径可达30~50cm。

 互生

 15~25m

 3~4月

 5~6月

菲岛福木

Garcinia subelliptica

科名　藤黄科

属名　藤黄属

别名　福木、福树

分布　我国台湾南部。生长于山地杂木林地带。

特征　树皮灰褐色，表面粗糙，小枝粗壮。叶片椭圆形，表面光泽无毛，叶背黄绿色，中脉隆起，顶端圆钝或微向内凹。花黄色，花瓣倒卵形，花柱短。浆果成熟后变黄色，外表光滑无毛。

对生

20m

3~8 月

8~10 月

蒲葵

Livistona chinensis

科名　棕榈科

属名　蒲葵属

别名　扇叶葵、蒲扇

分布　我国南部地区。生长于气候温暖湿润的地带。

特征　乔木状，树干基部膨大。叶掌状，由边缘分裂至中部，分裂叶片呈披针状，顶端尖，叶柄长。花形小，花丝稍粗。果椭圆形，黑褐色，簇生于树干顶部。

互生

5~20m

4 月

4 月

红楠

Machilus thunbergii

科名 樟科

属名 润楠属

别名 小楠、楠柴

分布 我国华东、华中、华南及东南等地区。生长于海拔800m以下的山地。

特征 树干粗壮，树皮黄褐色，老枝有少量纵向裂纹。叶表光滑无毛，倒卵形，羽状脉，叶背有白粉，边缘平滑无锯齿，先端渐尖。花序顶生或在新枝上腋生，无毛，长5~11.8厘米。

互生

10~15m

2月

7月

荷花玉兰

Magnolia grandiflora

科名 木兰科

属名 木兰属

别名 广玉兰、泽玉兰

分布 我国长江流域以南。生长于气候温暖湿润、光照较好的地区。

特征 树皮淡褐色或灰色，有裂纹。叶表光泽无毛，叶背、小枝、叶柄密被褐色短绒毛；叶缘光滑无锯齿，顶部渐尖。花白色，有芳香；花被片9~12片，厚肉质，倒卵形。聚合果圆柱状长圆形或卵圆形，蓇葖背裂。

互生

30m

5~6月

9~10月

杧果

Mangifera indica

科名 漆树科

属名 杧果属

别名 芒果、马蒙

分布 我国东南部地区。生长于海拔200~1300m的山坡、河谷或旷野地带。

特征 树皮灰褐色，小枝褐色。叶片墨绿色，薄革质，长圆状披针形，叶表略带光泽，边缘无锯齿。花淡黄色，花瓣长圆形，无毛。果成熟时呈黄色，有扁平状果核，肉质肥厚。

互生

10~20m

1月

5~6月

白千层

Melaleuca leucadendron

科名 桃金娘科

属名 白千层属

别名 千层皮、玉树、玉蝴蝶

分布 原产澳大利亚，我国南部地区有栽培。

特征 树皮灰白色，较厚，有脱皮现象。叶灰绿色，披针形，两端渐尖，革质。花白色，无花梗，密集生长在树枝顶端，成穗状。蒴果近球形。

互生

18m

一年多次

一年多次

白兰

Michelia alba

科名　木兰科

属名　含笑属

别名　白兰花、白玉兰

分布　我国南部地区。生长于光照充足、空气湿润的地带。

特征　树皮灰色，树冠宽广。叶片绿色，表面无毛，叶背有微毛，叶脉明显。花白色，香味浓郁，苞片大，披针形，成熟时随花托向外延伸。通常不结实，果为蓇葖疏生的聚合果；蓇葖熟时鲜红色。

互生

17m

4~9月

一般不结果

乐昌含笑

Michelia chapensis

科名　木兰科

属名　含笑属

别名　南方白兰花、广东含笑

分布　我国华中、华南及东南地区。生长于海拔500~1500m的阔叶林地。

特征　树皮灰色至深褐色。叶深绿色，无毛有光泽，长圆状呈倒卵形，先端渐尖，叶缘无锯齿。花淡黄色偏白，有香味，倒卵状，肉质稍厚。果长圆球形。

互生

15~30m

3~4月

8~9月

台湾含笑

Michelia compressa

科名　木兰科

属名　含笑属

别名　黄心树、乌心石

分布　产于我国台湾，生长于海拔600~1500m的山坡林地。我国南部地区有栽培。

特征　树皮灰褐色，树干胸径可达1m。叶绿色，卵圆形，边缘无锯齿，先端渐尖。花淡黄白色，苞片狭倒卵形，顶端略尖，侧向开裂。果卵圆形。

互生

17m

1~3 月

10~11 月

深山含笑

Michelia maudiae

科名　木兰科

属名　含笑属

别名　光叶白兰花

分布　我国长江流域至华南地区。生长于光照充足，环境湿润地带。

特征　树皮浅灰色，偏薄，平滑不开裂。叶表深绿色，有光泽，叶背淡绿色，椭圆形，叶缘光滑无锯齿。花白色，有芳香，倒卵形，有尖角。果倒卵圆形。

互生

20m

2~3 月

9~10 月

九里香

Murraya exotica

科名 芸香科

属名 九里香属

别名 九秋香、九树香、七里香

分布 我国华东、华南等地区。生长于气候温暖湿润的低矮丘陵或高海拔山地。

特征 枝干灰白色。奇数羽状复叶，小叶互生，表面有光泽，椭圆状倒卵形，叶缘光滑无锯齿，先端渐尖。花白色，有香味，多数聚集生长，花瓣长椭圆形。果由橙黄变红。

互生

8m

4~8 月

9~12 月

千里香

Murraya paniculata

科名 芸香科

属名 九里香属

别名 七里香、万里香、九秋香

分布 我国南部地区。生长于气候温暖湿润的低丘陵或高海拔山地。

特征 树干及枝淡黄灰色。奇数羽状复叶，小叶互生，表面有光泽，有明显的中脉，卵状披针形，叶缘无锯齿。花白色，花瓣狭长椭圆形，先端向外翻。果呈橙黄到红色。

互生

12m

4~9 月

9~12 月

瓜栗

Pachira macrocarpa

科名 木棉科

属名 瓜栗属

别名 发财树

分布 原产中美墨西哥至哥斯达黎加，我国西南及华南地区有栽培。生长于高温、高湿地带。

特征 树皮灰绿色，树冠松散。小叶5~11，具短柄或近无柄，长圆形至倒卵形，顶部渐尖，叶表无毛，背面有茸毛。花呈淡黄色，单生于枝顶叶腋，花瓣披针形至线形。蒴果绿色，果皮较厚。

互生

4~5m

5~11月

5~11月

楠木

Phoebe zhennan

科名 樟科

属名 楠属

别名 楠树、桢楠、雅楠

分布 我国西南等地区。生长于海拔1500m以下的阔叶林地。

特征 树干通直，树皮呈灰黄色。叶由绿渐变黄，倒披针状，羽状脉，边缘无锯齿，先端渐尖。聚伞状圆锥花序，被毛。果表皮绿色，有光泽，椭圆形。

互生

30m

4~5月

9~10月

海枣

Phoenix dactylifera

科名　棕榈科

属名　刺葵属

别名　枣椰子、仙枣、波斯枣

分布　原产西亚和北非，我国南部地区有栽培。

特征　乔木状，茎具宿存的叶柄基部。羽状叶披针形，叶柄细长，叶片顶端尖。花白色，密集圆锥花序，花瓣圆形。果实成熟变深橙色，果肉肥厚。

互生

35m

3~4 月

9~10 月

云杉

Picea asperata

科名　松科

属名　云杉属

别名　大果云杉

分布　我国华北地区。生长于海拔2400~3600m气候偏寒的地带。

特征　小枝有少许短柔毛。叶绿色，针形先端急尖，微弯曲。花红紫色。球果圆柱形，下端粗上端渐细，成熟前灰绿色，成熟后栗色，表皮呈鳞片状排列。树干胸径可达1m。

互生

45m

4~5 月

9~10 月

白皮松

Pinus bungeana

科名 松科

属名 松属

别名 三针松、白果松

分布 我国华北以及西南局部地区，为我国特色树种。生长于海拔500~1800m的山坡、山脊地带。

特征 树干胸径可达3m，幼期树皮灰绿色，中期成薄块脱落，新旧皮形成彩色状，老皮脱落后会露出白色光滑内皮。叶针形，粗硬。花卵圆形。果成熟后呈淡黄褐色。

束生

30m

4~5月

次年
10~11月

红松

Pinus koraiensis

科名 松科

属名 松属

别名 海松、果松

分布 东北地区。生长于海拔150~1800m的森林地带。

特征 树皮灰色，有纵向不规则易脱落的裂片，脱落后出现红褐色内皮。叶深绿色，针形，5针一束，粗硬。花呈红黄色，多数密集生长在新枝下部。球果圆锥状。

束生

30~50m

6月

次年
9~10月

马尾松

Pinus massoniana

科名 松科

属名 松属

别名 青松、山松

分布 我国华北及华南等地区。生长于海拔1500m以下的山坡林地。

特征 树皮红褐色，纵向开裂成不规则鳞片，树冠呈塔形。叶针形，2到3针一束，边缘有细锯齿。花淡红褐色或淡紫红色，聚集密生在新枝顶端。果卵圆形，褐色。

束生

45m

4~5月

次年
10~12月

日本五针松

Pinus parviflora

科名 松科

属名 松属

别名 五钗松

分布 原产日本，我国长江流域地区有栽培。

特征 树皮暗灰色，龟裂成块脱落。叶绿色，针形叶5针一束，微弯，边缘有细锯齿。花淡黄色。球果灰褐色，卵圆形，外皮呈鳞片状层叠而生。树干胸径可达1m。

束生

10~30m

5月

翌年
10~11月

油松

Pinus tabuliformis

科名 松科

属名 松属

别名 短叶松、红皮松

分布 我国东北、华中、西北等地区。生长于海拔100~2600m的山林地带。

特征 树皮灰褐色，裂成不规则块片，树冠平顶。叶深绿色，针形，2针一束，边缘有细锯齿，叶鞘初呈淡褐色。花呈紫红色，圆柱形。球果圆卵形。树干胸径可达1m以上。

束生

25m

4~5 月

翌年 10 月

黑松

Pinus thunbergii

科名 松科

属名 松属

别名 白芽松

分布 原产日本及朝鲜南部沿海地区，我国东北、华东及华中地区有栽培。

特征 树皮灰黑色，裂成块脱落，树冠伞形。枝淡褐色，向外展开，无毛。叶深绿色，呈针形，2针一束，光滑无毛。花淡红褐色，圆柱形，聚生在新枝下部。果熟后变褐色。

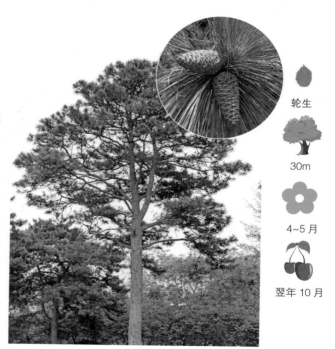

轮生

30m

4~5 月

翌年 10 月

侧柏

Platycladus orientalis

科名 柏科

属名 侧柏属

别名 黄柏、香柏

分布 我国各个地区。生长于海拔250~3300m地带，适应性强，对土壤要求不严。

特征 树皮浅灰褐色，有纵向裂纹。树枝斜向上展开，形成塔形树冠。小枝扁平排成一个平面，鳞形叶交互对生，灰绿色。花黄色或蓝绿色，卵圆形。果成熟后呈红褐色，椭圆形或倒卵形。

对生

20m

3~4 月

10 月

罗汉松

Podocarpus macrophyllus

科名 罗汉松科

属名 罗汉松属

别名 罗汉杉、土杉、长青罗汉杉

分布 我国长江以南。生长于气候温暖湿润的地带。

特征 树皮灰褐色，有稍浅的纵向裂纹，常有脱皮现象。叶表深绿色，有光泽，中间有明显的脉络隆起，叶背灰绿色。花腋生，穗状。种子卵圆形，有肥厚的种托，呈红紫色。

对生

20m

4~5 月

8~9 月

竹柏

Podocarpus nagi

科名 罗汉松科

属名 罗汉松属

别名 罗汉柴

分布 我国华东、华南地区。生长于海拔1600m左右的高山地带。

特征 树皮红褐色，裂成小块脱落。枝条向外伸展，树冠呈广圆锥形。叶表深绿色，光滑无毛，叶被浅绿色，长卵形披针状。花单生于叶腋。树干胸径可达50cm。

对生

20m

3~4 月

10 月

水黄皮

Pongamia pinnata

科名 豆科

属名 水黄皮属

别名 野豆

分布 我国华东、华南地区。生长于气候温润，阳光充足的地区。

特征 树皮灰绿色，嫩枝有时有少量柔毛。叶绿色，长椭圆形，边缘无锯齿，先端渐尖。花呈淡紫色，多数簇生于总轴节上，花冠白色或粉红色。果表面有不明显的小疣突。

互生

8~15m

5~6 月

8~10 月

菜豆树

Radermachera sinica

科名 紫葳科

属名 菜豆树属

别名 豆角树、牛尾树

分布 我国华东、华南地区。生长于海拔300~850m的平地。

特征 树皮灰黄色，有纹路。2回羽状复叶，稀为3回羽状复叶，小叶表面光滑无毛，卵状披针形，叶缘无锯齿，先端渐尖。花白色，顶生花序，苞片呈线形。果多纹路，圆柱形，稍弯曲。

互生

10m

5~9 月

10~12 月

王棕

Roystonea regia

科名 棕榈科

属名 王棕属

别名 大王椰子、棕榈树

分布 原产热带美洲，我国南部地区有栽培。

特征 乔木状，茎直立，基部幼时膨大，老后中部变大上部渐窄。叶片深绿色，羽状全裂开，弯曲下垂，羽片线形针状，渐尖。花序长，多分枝。果实暗红色，近球形。

互生

10~20m

3~4 月

10 月

圆柏

Sabina chinensis

科名 柏科
属名 圆柏属
别名 刺柏、柏树
分布 我国华北、华中、华南等地区。生长于海拔1000m以下的山林地带。
特征 树皮深灰色，有纵向裂纹，幼树枝条斜向上伸展，树冠呈塔形。叶刺形或鳞形，鳞叶对生，刺叶3枚轮生。花黄色，椭圆形。果实成熟时呈暗褐色。

对生

20m

4 月

10~11 月

龙柏

Sabina chinensis cv. *kaizuca*

科名 柏科
属名 圆柏属
别名 龙爪柏
分布 我国长江、淮河流域沿岸各省区。生长于阳光充足，气候温润的地带。
特征 树干笔直，呈圆锥形，树皮深灰色，有纵向裂纹，枝条斜向上伸展。鳞叶密生，无或偶有刺形叶。花呈黄色，椭圆形。果成熟后呈暗黑色。

对生

20m

2~4 月

5~6 月

苹婆

Sterculia nobilis

- 科名 梧桐科
- 属名 苹婆属
- 别名 凤眼果
- 分布 我国南部地区。生长于气候温润的地带。
- 特征 树皮褐黑色。叶墨绿色，叶片呈椭圆形或卵圆形，两面无毛，全缘无锯齿，先端急尖或钝。花序圆锥状，花萼钟状。具蓇葖果，鲜红色，成熟后会裂开，内有多粒黑色种子。

互生

10m

4~5 月

7~8 月

椋木

Swida macrophylla

- 科名 山茱萸科
- 属名 椋木属
- 别名 椋子木
- 分布 我国华中、华南及西南局部等地。生长于海拔100~3000m的山谷森林地带。
- 特征 树皮灰褐色，幼枝灰绿色。叶表深绿色，幼时有少量绒毛，成年消失，叶背灰绿色，稍带绒毛，卵状长圆形，先端尖锐。花白色，芳香。果近球形，成熟变黑色。

对生

3~15m

6~7 月

8~9 月

金山葵

Syagrus romanzoffiana

科名　棕榈科

属名　金山葵属

别名　皇后葵、女王椰子

分布　原产巴西，我国南方地区常见栽培。

特征　乔木状，树干直径20~40cm。叶绿色，羽状全裂成披针形，顶端稍疏离，先端渐尖，微弯曲向下垂。花腋生，多数花序密集生于叶腋。果近球形，表皮光滑。

互生

10~15m

2月

11月~翌年3月

蒲桃

Syzygium jambos

科名　桃金娘科

属名　蒲桃属

别名　水蒲桃、香果

分布　我国东南部及南部等地区。生长于气候温暖、潮湿的河边、河谷地带。

特征　叶片深绿色，披针形，叶缘光滑无锯齿，叶表光亮无毛，先端渐尖。花白色，无香味，聚集密生枝顶，花瓣阔卵形。果球形，成熟后为黄色。

对生

10m

3~4月

5~6月

东北红豆杉

Taxus cuspidata

科名 红豆杉科

属名 红豆杉属

别名 紫杉、米树

分布 产于我国东北老爷岭、张广才岭及长白山地区，生长在海拔500~1000m的高山、坡林地带。中部地区有栽培。

特征 树皮红褐色，稍带细小裂纹。枝条斜展延伸，秋后变淡红褐色。叶分两列，排成不规则状，斜向上展开，上面深绿色，光滑无毛。种子紫红色，有光泽。

互生

20m

5~6月

9~10月

棕榈

Trachycarpus fortunei

科名 棕榈科

属名 棕榈属

别名 唐棕、棕树

分布 我国华北、华南、西南等地区。生长于海拔300~2000m的路边或疏林地带。

特征 乔木状，树干圆柱形。叶片绿色，扇形，先端开裂至深部呈披针形，叶柄长，两侧具细圆齿。花呈黄绿色，花瓣卵圆形，雌雄异株。果成熟时由黄色变淡蓝色。

互生

3~10m

4月

12月

色木槭

Acer mono

科名 槭树科

属名 槭属

别名 五角槭、色木、五角枫

分布 我国东北、华北及华南等地区。生长于海拔800~1500m的山坡、山谷林地。

特征 树皮灰色，有纵向裂纹。叶常5裂，有时3裂及7裂，表面无毛，背面叶脉上有少量柔毛，椭圆形。花淡白色，多数聚集圆锥状顶生在有叶的枝上。果成熟后为淡黄色。

对生

15~20m

5月

9月

红枫

Acer palmatum 'Atropurpureum'

科名 槭树科

属名 槭树属

别名 红枫树、红叶、紫红鸡爪槭

分布 我国华南以及华北等地区。生长于气候温暖湿润、光照柔和的地带。

特征 树皮深褐色，光滑。叶春季红色，夏季紫红色，深秋多呈黄色，多数丛生于枝顶，掌状。花顶生，伞房花序。翅果成熟后变成黄棕色，果核球形。

对生

2~8m

4~5月

10月

猴面包树

Adansonia digitata

互生

- 科名 木棉科
- 属名 猴面包树属
- 别名 猴树、旅人树、猢狲缅
- 分布 原产非洲热带，我国南方局部地区有栽培。
- 特征 叶表暗绿色，光滑无毛，背面有少量柔毛，长椭圆形，先端急尖，集中顶生于枝端。花白色，花瓣向外翻，宽倒卵形，生于枝顶叶腋。果呈椭圆形。

30m

10~12月

翌年
4~5月

海红豆

Adenanthera pavonina

互生

- 科名 豆科
- 属名 海红豆属
- 别名 孔雀豆
- 分布 菲律宾、越南、马来西亚、印度、斯里兰卡等国，以及我国华东、华南等地。生长于气候温暖、湿润、光照充足的地带。
- 特征 嫩枝有柔毛。叶绿色，长圆形，叶缘无锯齿，两面具少量柔毛，先端圆钝。总状花序单生于叶腋或在枝顶排成圆锥形花序，花呈白色或淡黄色，花形小，有香味。果长圆形。

5~20m

4~7月

7~10月

七叶树

Aesculus chinensis

科名 七叶树科

属名 七叶树属

别名 梭椤树、梭椤子

分布 我国黄河流域。生长于
海拔700m以下的山地。

特征 树皮深褐色或灰褐色。
掌状复叶由5~7小叶组成，小叶
表面无毛，背面在叶脉处有少量
毛，长圆状披针形。花呈白色，
花瓣倒卵状圆形。果呈黄褐色，
倒卵形，表皮光滑，有斑点。

对生

25m

4~5 月

10 月

臭椿

Ailanthus altissima

科名 苦木科

属名 臭椿属

别名 臭椿皮、大果臭椿

分布 我国西南、华东及
华北等地区。生长于海拔
100~2000m的向阳山坡或灌
木丛地带。

特征 树皮灰色，平滑有条
纹。奇数羽状复叶，小叶对
生或近对生，卵状披针形，
叶缘无锯齿，先端渐尖。花
淡绿色，多数密集呈圆锥花
序。翅果长椭圆形。

对生

20m

4~5 月

8~10 月

合欢

Albizia julibrissin

科名 豆科

属名 合欢属

别名 马缨花、夜合、绒花树

分布 我国华北、华东、华南、西南等地区。生长于气候温暖，阳光充足的地带。

特征 树干灰黑色。二回羽状复叶，小叶对生，披针形，叶缘无锯齿，先端有尖头，有缘毛。花由基部白色渐变粉红色，生于枝顶针状散成圆锥形。果带状。

互生

16m

6~7月

8~10月

黄豆树

Albizia procera

科名 豆科

属名 合欢属

别名 白格、红荚合欢

分布 我国南部地区。生长于低海拔疏林地带。

特征 树皮灰色，无刺。二回羽状复叶，小叶对生，椭圆形，叶缘光滑无锯齿，先端圆钝，叶表中脉微凹。头状花序在枝顶或叶腋排成圆锥花序，花冠呈黄白色。果带形，扁平无毛。

互生

10~25m

5~9月

9月~
翌年2月

日本桤木

Alnus japonica

科名 桦木科

属名 桤木属

别名 赤杨

分布 我国东北地区。生长于山坡林中或河路旁地带。

特征 树皮灰褐色，较光滑，枝条暗灰色，幼枝褐色。短枝生叶倒卵形，叶缘有稀疏锯齿；长枝上的叶披针形，叶表无毛，叶背面幼时有少量柔毛。花先叶开放，花序总状。果序呈总状，小坚果卵形。

互生

15m

4月

8~9月

碧桃

Amygdalus persica var. *persica* f. *duplex*

科名 蔷薇科

属名 李属

别名 千叶桃花

分布 我国的华北、华东、西南等地区。生长在气候温暖，光照较充足的地带。

特征 树皮暗红褐色，树冠宽广。小枝绿色，光滑无毛。叶绿色，叶表面无毛，叶背面叶脉处有少数柔毛，叶缘有锯齿。花呈粉色，先于叶开放，果由淡绿色至橙黄色。

互生

3~8m

3~4月

8~9月

梅

Armeniaca mume

科名 蔷薇科

属名 杏属

别名 梅花、梅树

分布 我国各地，长江以南最多。多生长于山林、溪边地带。

特征 树皮浅灰色，平滑无毛。叶灰绿色，椭圆形，叶缘有小锯齿，幼时有柔毛，成长时渐脱落。花白色至粉色，有浓厚香味，先于叶开放，花瓣倒卵形。果黄色或绿白色，近球形。

互生

4~10m

12月~3月

5~6月

白桦

Betula platyphylla

科名 桦木科

属名 桦木属

别名 桦树、桦木

分布 我国东北、华北及西北等地区。生长于海拔400~1400m的山坡林地。

特征 树皮灰白色，有脱皮现象。叶绿色，三角卵形，叶缘有锯齿，先端渐尖，叶柄细瘦。花单性，先于叶开。果呈圆柱形，密被毛，成熟后近无毛。

互生

25m

5~6月

8~10月

重阳木

Bischofia polycarpa

科名 大戟科

属名 秋枫属

别名 乌杨、红桐

分布 我国华东地区。生长于气候温暖、阳光充足的地带。

特征 树皮褐色，有纵向裂纹。树枝向外伸展，树冠伞形。三出复叶，小叶卵状椭圆形，叶缘有细锯齿，先端尖。花叶同放，生于新枝下部。果成熟后红褐色。树干胸径可达50cm。

互生

15m

4~5 月

10~11 月

木棉

Bombax malabaricum

科名 木棉科

属名 木棉属

别名 攀枝花、红棉树

分布 我国西南及华东、华南等地区。生长于海拔1400~1700m以下的干热河谷地带。

特征 树皮灰白色，分枝平展。幼树树干及枝具圆锥形皮刺。叶长圆披针形，叶缘无锯齿，先端渐尖，两面无毛。花呈红色或橙红色，单生于枝顶，花瓣向外弯曲。果长圆形，有白色柔毛。

互生

10~25m

3~4 月

6~8 月

灯台树

Bothrocaryum controversum

科名 山茱萸科

属名 灯台树属

别名 六角树、瑞木、女儿木

分布 我国东北及华东、华南各地。生长于海拔250~2600m的阔叶林地。

特征 树皮暗灰色，光滑无毛。当年生枝紫红绿色，二年生枝淡绿色。叶表面光滑无毛，叶背面有淡白色柔毛。花呈白色，聚集呈伞状顶生，花瓣长圆披针形。果成熟时呈紫红色至蓝黑色。

互生

6~15m

5~6 月

7~8 月

构树

Broussonetia papyrifera

科名 桑科

属名 构属

别名 构桃树、谷木

分布 我国南北各地。生长于石灰岩山地或水边。

特征 树皮暗灰色，平滑。叶片长椭圆形卵状，叶柄小，叶缘有粗锯齿，先端渐尖，表面粗糙，有糙毛，常3~5裂或不裂，小树的叶片可见明显深裂。雌雄异株，雄花序柔荑状，雌花序头状。球果成熟时橙红色，外果皮壳质。

互生

10~20m

4~5 月

6~7 月

苏木

Caesalpinia sappan

科名 苏木科

属名 苏木属

别名 苏方木、棕木

分布 我国南部等地区。生长于海拔500~1800m的坡林地带。

特征 枝有皮孔，具疏刺。二回羽状复叶，小叶长圆形，对生，叶缘光滑无锯齿，先端圆钝。花呈黄色，花瓣倒卵形，苞片大，披针形。果红棕色，近长圆形有光泽。

互生

6m

5~10月

7月~翌年3月

喜树

Camptotheca acuminata

科名 蓝果树科

属名 喜树属

别名 水栗、旱莲子、水桐树

分布 我国华南、华东地区，为我国特产。生长于海拔1000m以下的林边或溪边地带。

特征 树皮灰色，有纵向裂纹。叶表光滑无毛，叶背有少量柔毛，矩圆形，先端渐尖。花杂性，花序近球形，花瓣淡绿色。翅果矩圆形。

互生

20m

5~7月

9月

腊肠树

Cassia fistula

科名 豆科

属名 决明属

别名 牛角树

分布 原产印度、缅甸和斯里兰卡，我国华南及西南地区有栽培。

特征 树幼皮呈灰色，老皮暗褐色。叶嫩绿色，卵形或长圆形，叶缘无锯齿，先端短尖。花黄色，与叶同时开放，疏散下垂，花瓣倒卵形。果圆柱形，黑褐色。

对生

15m

6~8 月

10 月

楸

Catalpa bungei

科名 紫葳科

属名 梓属

别名 梓桐、金丝楸

分布 我国华东、西南等地区。生长于气候温暖、空气潮湿地带。

特征 小乔木，树干直。叶对生，叶三角卵形至宽卵状，叶缘无锯齿，先端渐尖，叶两面均无毛。伞房状总状花序顶生，花呈淡红色，花冠内有黄色条纹。蒴果线形。

对生

8~12m

5~6 月

6~10 月

梓

Catalpa ovata

科名　紫葳科

属名　梓属

别名　梓树、水桐、花楸

分布　长江流域及以北地区。生长于海拔500~2500m的低山河谷地带。

特征　树干笔直，树冠伞形。叶片深绿色，叶掌大，阔卵形。花呈圆锥状顶生，花序梗有疏毛，花冠浅黄色钟状，边缘呈波浪状。蒴果深褐色，线形，下垂。

对生

15m

6~7月

8~10月

美人树

Ceiba speciosa

科名　木棉科

属名　爪哇木棉属

别名　丝绵树

分布　我国南部沿海地区。生长于高温、多湿地带。

特征　树干绿色，上有瘤状刺，枝向上伸展，微斜。掌状复叶具小叶5~7片，叶片椭圆形，边缘有锯齿。花期长，开花时叶子还未长出，花序总状，花冠淡粉红色，前端5裂。蒴果椭圆形。

互生

8~15m

10~12月

12月

朴树

Celtis sinensis

- 科名 榆科
- 属名 朴属
- 别名 黄果朴、白麻子
- 分布 我国华南、华东等地区。生长于海拔100~1500m的山坡、路边地带。
- 特征 树皮灰色，平滑。叶基部偏斜叶缘中部以上有粗钝锯齿，沿叶脉及叶腋被疏毛，先端渐尖。花生于叶腋，杂性。果实成熟后为红褐色，近球形。

互生

20m

3~4月

9~10月

山樱花

Cerasus serrulata

- 科名 蔷薇科
- 属名 樱属
- 别名 福岛樱、草樱、青肤樱
- 分布 我国华中地区和东北各地。生长于海拔500~1500m的山谷林地或路边。
- 特征 树皮灰褐色，小枝无毛。叶表深绿色，有纹脉，叶背淡绿色，两面无毛，卵状椭圆形，叶缘有锯齿，先端渐尖。花白色，花瓣倒卵形。果黑紫色。

互生

3~8m

4~5月

6~7月

日本晚樱

Cerasus serrulata var. *lannesiana*

科名 蔷薇科

属名 樱属

别名 重瓣樱花

分布 原产日本，我国南北各个地区普遍有栽培。

特征 树皮灰褐色，小枝无毛。叶卵状椭圆形，两面均无毛，先端渐尖；幼叶有黄绿、红褐至紫红诸色。花色有纯白、粉白、深粉至淡黄色；花瓣有单瓣、半重瓣至重瓣之别，2~5朵呈伞房花序。果紫黑色，卵球形。

互生

3~8m

4~5 月

6~7 月

南酸枣

Choerospondias axillaris

科名 漆树科

属名 南酸枣属

别名 五眼果、四眼果

分布 我国华东、华南、西南等地区。生长于海拔300~2000m的山坡丘陵地带。

特征 树皮灰褐色，有脱落现象。奇数羽状复叶，小叶叶卵状长圆形，先端渐尖。伞状圆锥花序，雄花和假两性花紫红色，开花时花瓣向外卷，花盘无毛。核果椭圆形，成熟后变成黄色。

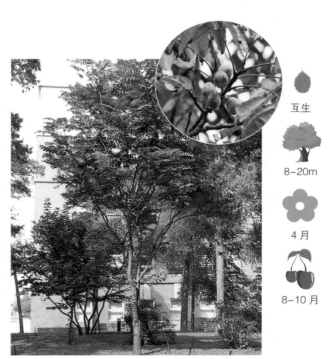

互生

8~20m

4 月

8~10 月

山楂

Crataegus pinnatifida

科名	蔷薇科
属名	山楂属
别名	山里果、山里红
分布	我国东北、华北地区。生长在海拔100~1500m的山坡林边地带。
特征	树皮暗灰色，粗糙无毛。小枝紫褐色，有短枝刺。叶表面呈暗绿色，有光泽，叶背面叶脉处有疏毛，宽卵形，先端渐尖。花呈白色，多数密生，苞片线状披针形。果近球形，深红色。

互生

6m

5~6月

9~10月

珙桐

Davidia involucrata

科名	蓝果树科
属名	珙桐属
别名	水梨子、鸽子树
分布	我国西南、华南等地区，为我国特产。生长于海拔1500~2200m的温润的阔叶林地。
特征	树皮深灰色，有脱皮现象。叶表面呈亮绿色，初期有柔毛，叶背面有淡黄色柔毛，基部心形，叶缘有粗尖锯齿，顶端急尖。花白色偏淡绿，花瓣大，矩圆状。果长卵圆形，有黄色斑点。

互生

15~20m

4月

10月

凤凰木

Delonix regia

科名 豆科

属名 凤凰木属

别名 凤凰树、火树

分布 原产马达加斯加，我国华南和西南地区有栽培。

特征 树皮灰褐色，粗糙无刺，树冠广阔。二回偶数羽状复叶，小叶椭圆形，叶缘光滑无锯齿，先端圆钝。花鲜红至橙红色，托盘状，花形大。果扁平，暗红褐色。

互生

20m

6~7月

8~10月

四照花

Dendrobenthamia japonica var. *chinensis*

科名 山茱萸科

属名 四照花属

别名 山荔枝、羊梅、石枣

分布 我国华北、东南等地区。生长于海拔600~2200m的山林地及湿地处。

特征 小乔木或灌木，小枝灰褐色。叶表面光滑无毛，叶背面粉绿色，椭圆形，边缘无锯齿，先端急尖。头状花序球形，花呈黄白色，花序基部有四枚白色花瓣状大苞片。果红色，果梗纤细。

对生

2~5m

5~6月

9~10月

柿

Diospyros kaki

科名 柿科

属名 柿属

别名 柿子树

分布 我国华南及华东地区。生长于气候温暖，阳光充足的地带。

特征 树皮呈长方块状深裂，树冠球形或长圆球形，无顶芽。叶表面光泽无毛，叶背面密被黄褐色柔毛。花呈淡黄色，钟状，花瓣向外微弯。果扁球形，由嫩绿色变为黄色。

互生

10~14m

5~6月

9~10月

君迁子

Diospyros lotus

科名 柿科

属名 柿属

别名 牛奶枣、野柿子

分布 我国华北、华南、西南等地区。生长于海拔1500m以下的山林或溪边地带。

特征 树皮浅灰色，老时有纵向裂纹。叶表面光滑无毛，叶背面被灰色柔毛，椭圆形，先端渐尖。花黄白色，花瓣向外翻。浆果较小，成熟前黄色，成熟后蓝黑色，外面有蜡质白粉。

互生

30m

4~5月

8~9月

猫尾木

Dolichandrone caudafelina

科名 紫葳科

属名 猫尾木属

别名 猫尾

分布 我国南部地区。生长于海拔200~300m的林边或山坡地带。

特征 奇数羽状复叶，深绿色，小叶片长圆形，偶有斜生，无叶柄，前端长渐尖，两面无毛。花序总状，白色，形大，花冠黄色，漏斗状。蒴果长，悬垂状，有黄色柔毛。

对生

10m

10~11 月

翌年
4~6 月

厚壳树

Ehretia thyrsiflora

科名 紫草科

属名 厚壳树属

别名 松杨、大岗茶

分布 我国华南、华东、西南等地区。生长于海拔100~1700m的平原、山坡林地。

特征 树皮黑灰色，枝淡褐色。叶表面光滑无毛，椭圆形，叶缘无锯齿，先端渐尖。聚集伞状花序圆锥状，花白色。果橘黄色，球形，表皮光滑无毛。

互生

15m

4 月

7 月

沙枣

Elaeagnus angustifolia

科名 胡颓子科

属名 胡颓子属

别名 银柳、桂香柳、香柳

分布 我国西北地区。生长于山地、平原、沙漠等地带。

特征 叶片幼时有银白色鳞片，成熟后脱落，叶形披针状，先端钝尖。花银白色，带香味，花药淡黄色。果椭圆形，粉红色，密被银白色鳞片。

互生

5~10m

5~6月

9月

杜仲

Eucommia ulmoides

科名 杜仲科

属名 杜仲属

别名 丝棉皮、棉皮树

分布 我国华北、华南、西南等地区。生长于海拔300~500m的低山林或山谷地带。

特征 树皮灰褐色，全株各部分有白色弹性胶丝。叶片两面初时有柔毛，后脱落。花苞片倒卵形，顶端圆形。翅果扁平，坚果位于中央，稍突起。种子扁平。

互生

20m

3~4月

8~9月

楝叶吴萸

Evodia glabrifolia

科名 芸香科

属名 吴茱萸属

别名 山苦楝

分布 我国华东、华南地区。生长于海拔500~800m的山坡林地。

特征 树皮灰白色，不开裂，密生圆或扁圆形略凸起的皮孔。奇数羽状复叶，小叶对生，叶表面光滑无毛，叶背面呈灰绿色，叶缘有细钝齿，先端渐尖。花白色，数量多，聚生顶端呈头状。内果白色，分果瓣淡紫红色。

对生

20m

7~9 月

10~12 月

梧桐

Firmiana platanifolia

科名 梧桐科

属名 梧桐属

别名 青桐、桐麻

分布 我国华北、华南、西南等地区。生长于光照充足，全年气候湿润的地带。

特征 树皮青绿色，树干笔直。叶掌状3~5裂，两面幼时有黄色柔毛，后脱落，叶缘有粗大锯齿。圆锥花序顶生，花单性，无花瓣。蓇葖果膜质呈下垂状，橘红色。

互生

15~20m

5 月

9~10 月

白蜡树

Fraxinus chinensis

- 科名 木樨科
- 属名 梣属
- 别名 白荆树
- 分布 我国南北各地区。生长于海拔800~1600m的山坡林地。
- 特征 树皮灰褐色，有纵向裂纹，幼枝粗糙，黄褐色。羽状复叶，小叶绿色，两面无毛，倒卵形，叶缘有齐锯齿。花密集生长，花梗光滑无毛或有细柔毛。果顶端尖锐，呈下垂状。

对生

10~12m

4~5月

7~9月

湖北梣

Fraxinus hupehensis

- 科名 木樨科
- 属名 梣属
- 别名 对节白蜡
- 分布 我国华中地区。生长于海拔400~600m的低山丘陵地。
- 特征 树皮深灰色，老皮有纵向裂纹，树干胸径可达1.5m。叶绿色，披针形，边缘有锯齿，叶表面无毛。花杂性，多数密集而生。翅果匙形，先端急尖。

对生

19m

2~3月

9月

银杏

Ginkgo biloba

科名 银杏科

属名 银杏属

别名 白果、公孙树、鸭脚树

分布 我国华北至华南的部分地区，为我国特产。生长于海拔500~1000m的山林或路边地带。

特征 树皮灰褐色，有纵向裂纹。叶由绿变黄，无毛，扇形，顶部有波浪形缺口，有细长叶柄。花生于枝顶端或叶腋内，多数密生。果圆球形，种皮肉质。

互生

12~40m

4 月

10 月

皂荚

Gleditsia sinensis

科名 豆科

属名 皂荚属

别名 皂荚树、皂角、猪牙皂

分布 我国南北各个地区。生长于海拔2500m以下的山坡、路旁地带。

特征 树皮灰色，枝刺圆锥形，粗壮。一回羽状复叶，小叶长圆形，对生，先端渐尖，两面稍带柔毛。花朵黄白色，聚集成总状花序，腋生或者顶生，花托深棕色。荚果带状，棕色或红褐色。

互生

30m

3~5 月

5~12 月

落叶松

Larix gmelinii

科名　松科

属名　落叶松属

别名　意气松、一齐松

分布　大、小兴安岭。生长在海拔300~1200m的山坡林地，对水分要求高。

特征　树皮灰色，有纵向裂纹，呈鳞片脱落。树冠呈圆锥形。叶扁平针形，在长枝上螺旋状着生，在短枝上簇生。雌雄球花分别单生于短枝顶端。球果直立，幼时紫红色，成熟后成鳞片状张开。

束生

35m

5~6 月

9 月

大叶紫薇

Lagerstroemia speciosa

科名　千屈菜科

属名　紫薇属

别名　大花紫薇、百日红

分布　原产印度、越南、斯里兰卡和菲律宾等国家，我国福建、广东和广西有栽培。

特征　树皮灰色，光滑。叶片革质，较大，椭圆状卵形，叶脉清晰，两面无毛。圆锥花序顶生，花粉红色或紫色。蒴果球形，灰褐色。

互生

7~25m

5~7 月

10~11 月

枫香树

Liquidambar formosana

科名 金缕梅科

属名 枫香树属

别名 枫树

分布 我国秦岭及淮河以南各省。生长于气候温润的平地或低山林地。

特征 树皮灰褐色，有脱落现象，有芳香树液。叶掌状3裂，先端渐尖，背面有短柔毛，秋色叶红色。花短穗状，多个聚集排列。果圆球形。

互生

30m

3~4月

9~10月

鹅掌楸

Liriodendron chinense

科名 木兰科

属名 鹅掌楸属

别名 马褂木

分布 我国南北各地区。生长在海拔900~1000m的山坡林地。

特征 树皮灰绿色，小枝灰色，树干胸径可达1m以上。叶片马褂状，灰绿色，有明显叶脉。花由黄色渐变淡黄色，杯状，花丝长。果顶端钝。

互生

40m

5月

9~10月

厚朴

Magnolia officinalis

科名 木兰科
属名 木兰属
别名 川朴
分布 我国西南、华南等地区。生长于海拔300~1500m之间的山坡林地。
特征 树皮灰色，厚而粗糙。叶5~9片集生枝顶，呈假轮生状。叶长圆卵形，叶缘波浪状，先端圆钝，叶背面有灰色柔毛。花呈白色，有香味，花药内向裂开。聚合果呈卵圆形。

互生

20m

5~6月

8~10月

山荆子

Malus baccata

科名 蔷薇科
属名 苹果属
别名 林荆子、山定子
分布 我国东北、华北等地区。一般生长于海拔50~1500m的灌木林地、山谷杂木林地。
特征 树灰褐色，有裂纹。叶椭圆形，先端渐尖，边缘有锯齿。花呈白色，伞形花序，多数聚集生在枝顶，长萼筒，萼片披针形，脱落。果红色或黄色，近球形。

互生

10~14m

4~6月

9~10月

垂丝海棠

Malus halliana

科名 蔷薇科

属名 苹果属

别名 垂枝海棠

分布 我国华中及西南部各个地区。生长于海拔50~1200m的山坡林地。

特征 树冠疏散婆娑，小枝、叶缘、叶柄、叶脉、花梗、花萼、果柄和果实呈紫红色。叶椭圆形，先端渐尖。花粉红色，伞状花序生于枝端，呈下垂状。果略带紫色，倒卵形。

互生

5m

3~4月

9~10月

楝

Melia azedarach

科名 楝科

属名 楝属

别名 楝树

分布 我国华北、华南以及华东等地区。一般生长于阳光充足、常年空气湿度大的地带。

特征 树皮灰褐色，有纵向裂纹。2~3回羽状复叶，小叶对生，椭圆形，叶缘有钝齿，先端短尖。花淡紫色，有香味，花瓣倒卵状匙形，有柔毛。核果球形，内果皮木质。

互生

10m

4~5月

10~12月

陀螺果

Melliodendron xylocarpum

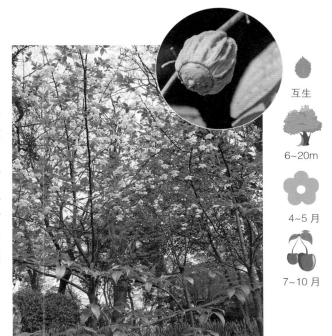

科名 安息香科

属名 陀螺果属

别名 水冬瓜

分布 我国西南、华南等地区。生长在海拔1000~1500m山谷林地。

特征 树皮呈灰褐色，树干胸径可达20cm，小枝红褐色。叶绿色，椭圆形，叶缘有锯齿，先端渐尖。花白色，无香味，花冠裂片长圆形。果常为倒卵形。

互生

6~20m

4~5月

7~10月

水杉

Metasequoia glyptostroboides

科名 杉科

属名 水杉属

别名 活化石，梳子杉

分布 我国特产，有活化石之称，产于四川和湖北，现全国各地有栽培。

特征 树皮灰色，老树树冠尖塔形。一年生枝绿色，后变成淡褐色脱落，侧生小枝排成羽状。球果成熟前绿色，成熟后深褐色，呈四棱状球形。

互生

35m

2月

11月

乔木

落叶乔木

盾柱木

Peltophorum pterocarpum

科名　豆科

属名　盾柱木属

别名　双翼豆

分布　原产越南、斯里兰卡、马来半岛、印度尼西亚和大洋洲北部，我国南部地区有栽培。

特征　老枝有皮孔。二回羽状复叶，叶柄粗壮，被锈色绒毛。叶长圆状倒卵形，边缘无锯齿，先端圆钝，有凸出尖端。圆锥状花序顶生或腋生，花瓣倒卵形有长柄，花蕾圆形。果扁平，两端尖。

互生

4~15m

6~10 月

8~11 月

黄连木

Pistacia chinensis

科名　漆树科

属名　黄连木属

别名　楷木、惜木

分布　我国南北各个地区。生长于气候温暖，空气温润的地带。

特征　树皮暗褐色，有脱落现象，枝叶有特殊气味。叶披针形，先端渐尖，秋色叶黄色。花先叶开放，圆锥状花序腋生，苞片狭披针形，向内微凹。果成熟紫红色。

互生

25~30m

3~4 月

9~11 月

二球悬铃木

Platanus acerifolia

科名 悬铃木科

属名 悬铃木属

别名 英国梧桐

分布 我国东北、华中、华南等地区均有引种。该树种是法国梧桐与美国梧桐的杂交树种。

特征 树皮灰白，光滑，会大块脱落。叶绿色，两面均有柔毛，阔卵形。花瓣矩圆形，雄蕊长过花瓣。果球形，常两个生于同一果梗，成熟后从绿色变橘红色，下垂状，有柔毛。

互生

30m

4~5 月

9~10 月

鸡蛋花

Plumeria rubra cv. *acutifolia*

科名 夹竹桃科

属名 鸡蛋花属

别名 蛋黄花、缅栀子

分布 原产南美洲，我国西南和华南地区有栽培。

特征 枝条粗壮，肉质。叶长椭圆形，两面无毛，先端短尖。花由黄色渐变为白色，花瓣椭圆形，微凹，肉质，花丝极短。

互生

5m

5~10 月

7~12 月

胡杨

Populus euphratica

- 科名 杨柳科
- 属名 杨属
- 别名 胡桐
- 分布 我国西北地区。生长于干旱、光照强的地带。
- 特征 树皮淡灰褐色，有裂纹。叶形多样，卵圆形、三角状卵圆形或肾形，叶缘有很多缺口。花药紫红色，苞片菱形。果长卵圆形，无毛。树干直径可达1.5m。

互生

15m

5月

7~8月

钻天杨

Populus nigra var. *italica*

- 科名 杨柳科
- 属名 杨属
- 别名 美杨
- 分布 我国长江、黄河流域广为栽培。
- 特征 树皮暗灰色，树冠圆柱形。叶三角状卵圆形，叶缘有锯齿，先端渐尖，叶背面有明显纹脉。花序轴无毛，苞片淡褐色，顶端裂开。果卵圆形。

互生

30m

4~5月

6月

毛白杨

Populus tomentosa

科名 杨柳科

属名 杨属

别名 白杨、大叶杨

分布 我国华北及华东地区。生长于海拔1500m以下的平原地带。

特征 树皮幼时暗灰色，会逐渐变灰白，表面粗糙，有纵向裂纹，皮孔菱形散生，树冠圆锥形。叶片三角状椭圆形，叶缘有锯齿，先端渐尖，基部心形，叶表面光滑无毛，叶背面有毛。花苞片褐色，尖裂。果长卵形。

互生

30m

3~4 月

4~5 月

稠李

Padus racemosa

科名 蔷薇科

属名 稠李属

别名 臭耳子

分布 我国东北和华北地区。生长于海拔880~2500m的山谷灌木丛和山林地带。

特征 树皮粗糙，树枝灰褐色。叶长圆形，两面无毛，先端渐尖，边缘有不规则锯齿。总状花序，花呈白色，多数密集聚生。核果卵球形，无沟槽，不被蜡粉。

互生

15m

4~5 月

5~10 月

李

Prunus salicina

科名 蔷薇科

属名 李属

别名 李子、玉皇李、苹果仔

分布 我国东北、西南、华东、华南地区。生长于海拔400~2500m的山林谷地。

特征 树皮灰褐色，粗糙不平。叶表面呈深绿色，光泽无毛，长椭圆形，先端渐尖。花呈白色，常3朵簇生，花瓣长圆状倒卵形，有紫色纹脉。果球形，有沟槽，常被蜡粉。

互生

9~12m

4月

7~8月

金钱松

Pseudolarix amabilis

科名 松科

属名 金钱松属

别名 水树

分布 我国华东、华南及西南地区。一般生长在海拔100~1500m的山地山谷地带。

特征 树皮灰褐色，粗糙，会脱皮，树干通直。叶在长枝上螺旋排列，在短枝上簇生，呈辐射状平展。叶表面绿中脉向内凹，叶背面中脉明显，条形，先端锐尖。花黄色，圆柱状。果倒卵形，成熟后呈淡红褐色。

束生

40m

4月

10月

紫檀

Pterocarpus indicus

科名	蝶形花科
属名	紫檀属
别名	青龙木、黄柏木

分布 我国华东、华南地区。生于坡地疏林地带。

特征 树皮灰色，树干胸径可达40cm。叶卵形，先端渐尖，叶缘无锯齿，有微波皱，基部圆形，叶表光滑无毛。圆锥花序顶生或腋生，花黄色；花萼钟状，花瓣边缘呈皱波浪状。荚果扁圆形。

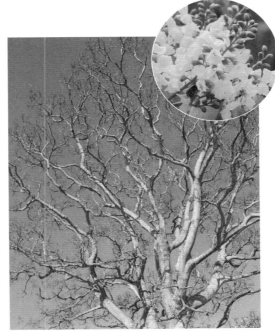

互生

15~25m

4~5 月

8~10 月

枫杨

Pterocarya stenoptera

科名	胡桃科
属名	枫杨属
别名	白杨、大叶柳、大叶头杨树

分布 我国华北、华南以及华东等地区。生长于海拔1500m以下的山坡林地。

特征 树皮灰色，老后有纵向裂纹。叶多为偶数羽状复叶，叶轴具翅，但翅不发达，小叶长椭圆形，叶缘无锯齿，先端渐尖。花序密集顶生，苞片有细小毛。果长椭圆形，果翅狭条形。

互生

30m

4~5 月

8~9 月

火炬树

Rhus typhina

科名 漆树科

属名 盐肤木属

别名 鹿角漆、火炬漆

分布 我国东北、华北及西北地区。生长于阔叶林地带。

特征 奇数羽状复叶，叶轴无翅，叶表深绿色，叶背苍白色，两面被绒毛，长椭圆形，叶缘有锯齿，叶片由绿色渐变成红色。花淡绿色，多数密集生于顶部。核果深红色，有绒毛，密集成火炬形。

互生

8~12m

6~7 月

8~9 月

刺槐

Robinia pseudoacacia

科名 豆科

属名 刺槐属

别名 洋槐

分布 原产美国东部，我国华北及华东地区有栽培。

特征 树皮灰褐色，有纵向裂纹。奇数羽状复叶，小叶长椭圆形，幼时有毛后无毛，先端圆钝。花朵白色，多数密集而生，有香味。荚果褐色，呈线状长圆形。

互生

10~25m

4~6 月

8~9 月

垂柳

Salix babylonica

科名 杨柳科

属名 柳属

别名 垂柳树

分布 我国长江、黄河流域。生长于气候温润，光照充足的地区。

特征 树皮灰黑色，会开裂。枝条细长，淡褐黄色，呈下垂状。叶片绿色，叶背面颜色比叶表面淡，狭线披针形，先端渐尖，叶缘有锯齿。花先于叶开放，花苞片披针形。果带黄绿褐色。

互生

12~18m

3~4 月

4~5 月

旱柳

Salix matsudana

科名 杨柳科

属名 柳属

别名 柳树、河柳

分布 我国东北、华北、西北等地区。一般生长于海拔10~3600m的旱地或水湿地。

特征 树皮暗灰黑色，有纹裂，树干胸径可达80cm。嫩枝细长，向下垂。叶光滑无毛，叶背苍白色，披针形。花叶同放，黄绿色。

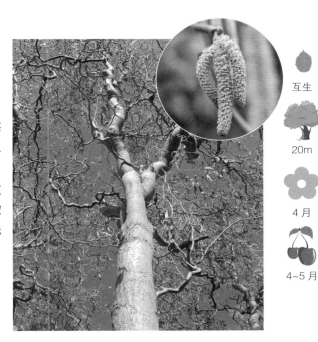

互生

20m

4 月

4~5 月

无患子

Sapindus mukorossi

科名　无患子科

属名　无患子属

别名　木患子、油患子、苦患树、黄目树

分布　我国华东、华南及西南地区均有分布。常见于寺庙、庭院或村旁。

特征　树皮灰褐色或黑褐色，嫩枝呈绿色。树冠呈球形。一回羽状复叶，小叶片为长椭圆状或狭披针形，薄纸质。圆锥花序顶生，上面的花较小。果实成熟时为橙黄色，干后变黑。

互生

20m

3~5 月

6~10 月

乌桕

Sapium sebiferum

科名　大戟科

属名　乌桕属

别名　腊子树、桕子树、木子树

分布　我国黄河以南各省均有分布。生长于塘边、疏林或旷野地带。

特征　树皮暗灰色，有纵向裂纹。树冠圆球形。叶片纸质，常为菱形或卵状菱形，先端骤尖，全缘。顶生总状花序，雌雄同株，花为单性，下部为雌花。花小，黄绿色。蒴果梨状，种子外被白色的假种皮。

互生

15m

4~8 月

10~12 月

秤锤树

Sinojackia xylocarpa

科名 安息香科

属名 秤锤树属

别名 捷克木

分布 我国江苏特有的植物，在上海和武汉也有栽培。生长于海拔500~800m的疏林或林缘地带。

特征 嫩枝灰褐色，长大后枝上的毛脱落，露出红褐色表皮，常有纤维状剥落。树冠广卵形。叶片倒卵形或椭圆形，纸质，叶缘有锯齿。总状花序侧生，花梗长且下垂，花线柱形。果卵形，有喙，红褐色，有皮孔。

互生

7m

3~4 月

7~9 月

槐

Sophora japonica

科名 豆科

属名 槐属

别名 国槐、豆槐、槐树

分布 原产中国，现全国各地都有栽培。日本、越南有分布，欧洲、美洲有引种。

特征 树皮灰褐色，上有纵裂纹。嫩枝光滑呈绿色。树冠卵形。奇数羽状复叶，小叶纸质，全缘，卵状披针形。顶生圆锥花序，花冠白色，蝶形。荚果黄绿色，似串珠。

互生

25m

7~8 月

8~10 月

乔木

落叶乔木

龙爪槐

Sophora japonica var. *japonica* f. *pendula*

科名 豆科

属名 槐属

别名 垂槐

分布 原产中国，在宋代传入日本。江南地区较为多见。

特征 是国槐的芽变种，小枝和嫩枝均下垂，形似龙爪，树皮有纵向裂纹，灰褐色。羽状复叶，小叶长圆形或卵状长圆形。顶生圆锥花序，花冠黄色或白色。荚果内有多数种子，成熟后不开裂。

互生

25m

7~8 月

8~10 月

火焰树

Spathodea campanulata

科名 紫葳科

属名 火焰树属

别名 火烧花、喷泉树

分布 原产非洲，我国热带气候区有栽培。

特征 树皮灰褐色，较为平滑。树冠卵形。奇数羽状复叶，小叶全缘，呈宽椭圆形或卵圆形。顶生总状花序密集，排列成伞状，花萼像佛焰苞，花冠外显橘红色，内部黄色。蒴果黑褐色。

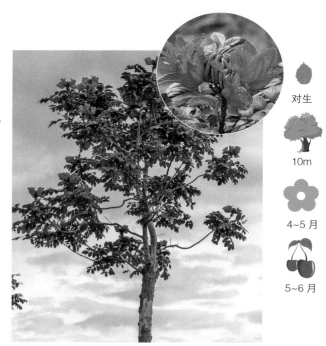

对生

10m

4~5 月

5~6 月

池杉

Taxodium ascendens

科名 杉科

属名 落羽杉属

别名 池柏、沼落羽松

分布 原产北美洲南部，我国江苏、浙江和河南等地有栽培。生长于沼泽地或水边湿地。

特征 具呼吸根，树皮褐色，上有纵裂纹，会呈条片形剥落。树冠尖塔形。嫩枝绿色，二年生的变褐红色，向上伸展。叶片钻形，稍向内弯。球果圆球形，成熟后变成褐黄色。

互生

25m

3月

10~11月

榆

Ulmus pumila

科名 榆科

属名 榆属

别名 榆树、白榆、家榆

分布 东北、华北及西北地区。生于海拔1000~2500m的山丘、谷地。

特征 树皮暗灰，有粗糙的纵沟裂；小枝浅黄，有毛。树冠卵球形。叶片纸质，倒卵形或椭圆状披针形，边缘有不规则单锯齿，先端锐尖。先花后叶，簇生在上一年小枝的叶腋，呈聚伞状花序。

互生

20m

3~4月

4~6月

乔木

落叶乔木

大果榆

Ulmus macrocarpa

科名 榆科

属名 榆属

别名 芜荑、黄榆、翅枝黄榆

分布 我国东北、华北、华东及西北地区。生长于海拔700～1 800m的山坡、谷地、台地、黄土丘陵、固定沙丘及岩缝等地带。

特征 树皮暗灰色或灰黑色，纵裂，粗糙。小枝淡黄褐色，有毛，有时具2～4条木栓翅。叶倒卵形，先端突尖，基部偏斜，叶缘有重锯齿；质地粗糙，厚而硬，表面有粗毛。花自花芽或混合芽抽出，在上一年生枝上排成簇状聚伞花序或散生于新枝的基部。果倒卵形，具黄褐色长毛。

互生

10～12m

4～5月

5～6月

榉树

Zelkova serrata

科名 榆科

属名 榉属

别名 榉木、红鸡油、榉榆

分布 我国华南、华中、华北、东北和西北地区。生长于海拔500～1900m的疏林和河谷地带。

特征 树皮灰白或灰褐色，有片状剥落现象，且形状不规则，小枝细长密被绒毛。叶纸质，卵形，叶缘桃形锯齿整齐排列，上面粗糙，背面密生灰色柔毛。雌雄同株异花，核果淡绿色，卵状圆锥形。

互生

30m

4月

9～11月

小乔木或大灌木

　　小乔木或大灌木是指在生长过程中高度在
6m 以下或没有明显主干的木本植物的统称。人
们根据这些植物的落叶特性将其分为常绿小乔木
或大灌木和落叶小乔木或大灌木，根据枝干的生
长形态将其分为丛生型和直立型。 这类植物在园
林应用中根据栽培用途不同，选择不同的灌木或
乔木类型用于点景或对景。

米仔兰

Aglaia odorata

科名 楝科

属名 米仔兰属

别名 珠兰、树仔兰、树兰、鱼仔兰

分布 我国西南和华南地区，东南亚各国均有分布。生长于低海拔的疏林灌木丛林地。

特征 茎上分枝多，幼枝的顶端有星状锈色的鳞片。奇数羽状复叶，厚纸质，小叶对生，倒卵形或长圆形。花杂性，雌雄异株，生于叶腋，花瓣黄色，味香。浆果近球形。

互生

1~7m

5~12月

7月～翌年3月

香楠

Aidia canthioides

科名 茜草科

属名 茜树属

别名 水棉木、茜草树

分布 我国热带地区，在日本、越南也有分布。生于海拔50~1500m的山坡、灌丛或丘陵地带。

特征 有分枝，枝条光滑。树冠卵形。叶纸质，常为长圆状披针形或披针形，先端渐尖。聚伞状花序生于叶腋，花冠白色或黄白色，浆果球形。

对生

12m

4~6月

5月～翌年2月

大叶黄杨

Buxus megistophylla

科名 黄杨科

属名 黄杨属

别名 无

分布 我国华南和西南地区，生长于海拔500~1400m的山谷、河岸或山坡林地带。

特征 枝叶密生，小枝光滑，呈四棱形。树冠球形。叶片革质，卵圆形或椭圆形，叶脉两面均凸出，先端渐尖，边缘有钝锯齿。腋生聚伞状花序，绿白色。蒴果近球形，斜向生出。

对生

2m

3~4 月

6~7 月

黄杨

Buxus sinica

科名 黄杨科

属名 黄杨属

别名 黄杨木、山黄杨

分布 我国各个省区均有分布，生长于海拔1200~2600m的溪边、林下或山谷地带。

特征 小枝四棱形，全面被短柔毛或外放相对两侧边无毛。叶片革质，椭圆形或倒卵形，叶面光滑。雌雄同株，簇生于叶腋，呈密集的头状花序，蒴果近球形。

对生

6m

3 月

5~6 月

山茶

Camellia japonica

科名 山茶科

属名 山茶属

别名 山茶花、茶花、红山茶

分布 我国台湾、四川、山东和江西有野生种，全国各地都有栽培。

特征 树皮灰褐色，幼枝棕色，光滑。叶片革质，倒卵形或椭圆形，先端钝尖，有钝锯齿。两性花单生顶端或叶腋，红色，花瓣离生，蒴果球形。

互生

3~6m

1~4 月

9~10 月

粗榧

Cephalotaxus sinensis

科名 三尖杉科

属名 三尖杉属

别名 鄂西粗榧、中华粗榧杉、粗榧杉、中国粗榧

分布 是我国特有树种，分布于长江流域以南。生长于海拔600～2200m的山坡林地。

特征 树皮灰褐色，会裂成薄片状剥落。树冠球状。叶片质地较厚，呈条形，排成两排，先端渐窄至刺状，雄球花卵圆形，雌球花头状。

对生

10m

3~4 月

8~10 月

香橼

Citrus medica

科名 芸香科
属名 柑橘属
别名 拘橼、枸橼子、香水柠檬
分布 长江以南各地区，全国各地也有栽培。
特征 枝条上有短硬棘刺，幼枝光滑呈紫红色。树冠卵圆形。叶片大，椭圆形或卵状椭圆形，具翼叶，边缘浅钝裂齿。两性花腋生，呈总状花序，花瓣里面白色，外面淡紫色。

互生

6m

4~5 月

10~11 月

变叶木

Codiaeum variegatum

科名 大戟科
属名 变叶木属
别名 洒金榕
分布 原产马来半岛至大洋洲，我国南部省份有栽培。
特征 幼枝灰褐色，无毛，有明显的叶痕。叶片薄革质，叶形变化大，从线形到椭圆形都有；叶色变化也大，绿色、紫红色或紫红与黄色相间等。雌雄同株异序，花腋生，雌花淡黄色，雄花白色。

互生

2m

9~10 月

10 月

灰莉

Fagraea ceilanica

- 科名 马前科
- 属名 灰莉属
- 别名 鲤鱼胆、灰刺木
- 分布 在东南亚各国有分布，我国常见于热带气候区。生长于海拔500～1800m的山地密林或阔叶林地带。
- 特征 树皮灰色，老枝上叶痕明显，小枝粗厚，全株无毛。叶片为椭圆形或卵圆形，先端急尖，呈肉质，干后会变纸质或革质。花单生，花冠漏斗形，白色，有香味。

对生

15m

4~8 月

7 月～
翌年 3 月

八角金盘

Fatsia japonica

- 科名 五加科
- 属名 八角金盘属
- 别名 手树、八手
- 分布 原产日本，我国的华北、华东以及云南有分布。
- 特征 茎光滑无毛，没有刺。叶柄很长，叶片大，轮廓近圆形，掌状5~7深裂，裂片呈长圆状倒卵形。伞状花序聚集成圆锥花序。果球形，成熟后黑色。

互生

5m

10~11 月

翌年 4 月

香港算盘子

Glochidion zeylanicum

科名	大戟科
属名	算盘子属
别名	金龟树

分布 我国热带地区，印度、越南及日本等国家也有分布。生长于海拔较低的山谷或溪边湿土上的灌木丛林地带。

特征 枝条有"之"形弯曲。叶片革质，叶脉纹路清晰，叶形为卵圆形或长圆形。雌雄同株，花簇生组成聚伞状花序。蒴果扁球形。

互生

1~6m

3~8月

7~11月

黄槿

Hibiscus tiliaceus

科名	锦葵科
属名	木槿属
别名	右纳、桐花、海麻

分布 我国广东、福建、台湾等省。常生长于平地或滨海区域。

特征 树皮灰白色，小枝一般无毛。叶片革质，广卵形或圆形，前端骤尖，基部心形，常全缘。花常排列成聚伞状花序，花冠钟形，花瓣黄色。蒴果木质，卵圆形。

互生

4~10m

6~8月

9~10月

085

枸骨

Ilex cornuta

科名 冬青科

属名 冬青属

别名 猫儿刺、老虎刺、八角刺

分布 我国华东和华南地区，在云南省有栽培。生长于海拔150~1900m的山坡、丘陵及路旁地带。

特征 枝条灰白色，有纵裂纹且叶痕明显，二年枝为褐色。叶片革质，较厚，卵形或四角状长圆形，叶缘有坚硬刺齿。花簇生于二年枝的叶腋，淡黄色。果球形，成熟时鲜红色。

互生

1~3m

4~5月

10~12月

冬青

Ilex chinensis

科名 冬青科

属名 冬青属

别名 冻青

分布 我国长江流域以南地区。一般生长于海拔500~1000米的山坡常绿阔叶林地带。

特征 树皮灰色或淡灰色，有纵沟，小枝淡绿色，无毛。叶薄革质，呈狭长椭圆形或披针形，边缘有浅圆锯齿。花瓣呈紫红色或淡紫色，向外反卷。果实呈椭圆形或近球形，成熟后为深红色。

互生

2~13m

4~6月

7~12月

香叶树

Lindera communis

- 科名 樟科
- 属名 山胡椒属
- 别名 香果树、细叶假樟、香叶子
- 分布 我国华南、华中及西南各省，中南半岛也有分布。常见于常绿阔叶林地。
- 特征 树皮淡褐色，幼枝绿色。叶革质，披针形或椭圆形，叶表面无毛，叶背面被黄褐色柔毛。花常单生或两朵一起生于叶腋，雄花黄色，雌花黄色或黄白色。果卵形，成熟时变为红色。

互生

3~4m

3~4 月

9~10 月

阔叶十大功劳

Mahonia bealei

- 科名 小檗科
- 属名 十大功劳属
- 别名 土黄柏
- 分布 我国华东、华南地区，在欧洲、墨西哥和美国温暖地区广为栽培。生长于海拔500~2000m的草坡、路旁、灌丛及林缘等地带。
- 特征 奇数羽状复叶，小叶厚革质，对生，叶片广卵形，叶背面被白霜，叶缘有2~7枚刺齿。总状花序簇生，直立生长于枝顶，花黄色。浆果卵形，深蓝色，被白粉。

互生

0.5~4m

9月~翌年1月

翌年3~5月

银毛树

Messerschmidia argentea

科名　紫草科

属名　砂引草属

分布　我国西沙群岛、海南岛和台湾。在斯里兰卡、日本及越南均有分布。生长于海边沙地。

特征　小枝粗壮，密生锈色或白色柔毛。叶片聚生枝顶，倒披针形或倒卵形，上下两面密生黄白色丝毛，叶柄由叶片狭化。聚伞状花序顶生，小花镰状，花冠白色呈筒状，雌蕊伸出。核果近球形。

互生

1~5m

4~6 月

4~6 月

木樨

Osmanthus fragrans

科名　木樨科

属名　木樨属

别名　桂花

分布　我国长江流域至西南，现广泛栽培。

特征　树皮灰褐色，粗糙，小枝黄褐色。叶片革质，椭圆形，边缘上部具锐锯齿或全缘。花多朵簇生于叶腋，呈聚伞状花序，花从黄色到白色，也有橘红色，极芳香。

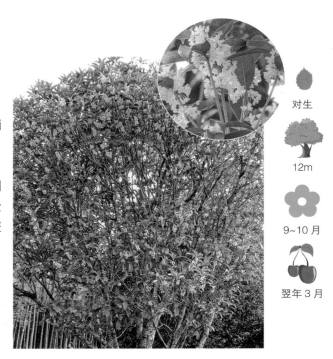

对生

12m

9~10 月

翌年 3 月

露兜树

Pandanus tectorius

科名　露兜树科

属名　露兜树属

别名　林投、露兜簕、华露兜

分布　我国华南和西南地区，常生长于海边沙地或引种做绿篱。

特征　枝干常弯曲，具气根。叶片革质，呈条形，簇生于枝顶，叶缘和背面中脉具粗壮的锐刺。雌雄异株，具佛焰苞，雄花花序由数个穗状花序组成，雌花花序单生于枝顶呈头状。

簇生

4~14m

1~5月

9~10月

石楠

Photinia serrulata

科名　蔷薇科

属名　石楠属

别名　凿木、千年红、山官木

分布　我国华东、华南、华北及西南部分地区。生于海拔1000～2500m的杂林地。

特征　枝条灰褐色，树皮平滑。树冠卵圆形。叶片呈革质，长椭圆形或倒卵状椭圆形，叶缘具细锯齿。顶生伞房状花序排列成聚伞状花序，花开得密，花瓣白色，果实球形，红色。

互生

4~6m

4~5月

10月

红叶石楠

Photinia × fraseri

互生

1~2m

4~5月

10月

科名　蔷薇科

属名　石楠属

别名　火焰红、千年红、红罗宾

分布　原产于亚洲东部及东南部和北美洲亚热带及温带地区，我国各地常见栽培。

特征　茎直立，多分枝，下部常为绿色，枝条上部常见紫色或红色。叶片革质，长椭圆形，叶缘有锐锯齿，新叶红色，夏季变绿。花白色，簇生呈伞房状花序。

清香木

Pistacia weinmannifolia

互生

2~8m

3月

9~10月

科名　漆树科

属名　黄连木属

别名　对节皮、昆明乌木、香叶树

分布　西北地区，生长于海拔580~2700m的灌丛或林下地带。

特征　树皮灰色，具皮孔。偶数羽状复叶，叶轴上有窄翅；小叶较小，呈革质，倒卵状长圆形，有刺状的尖头。腋生花序，花较小，紫红色。核果球形，成熟后变成红色。

大钟杜鹃

Rhododendron ririei

科名 杜鹃花科

属名 杜鹃花属

别名 来丽杜鹃

分布 我国四川西南部和峨眉山一带。生长于海拔1700~1800m的山坡林地。

特征 树皮灰色或灰棕色，具裂纹，会层状脱落。叶革质，3~5枚生于枝顶，叶片呈椭圆形，叶缘会向下卷。伞状花序顶生，排列成总状花序，花冠钟形，紫红色。

互生

2~5m

3~5月

6~10月

鹅掌柴

Schefflera octophylla

科名 五加科

属名 鹅掌柴属

别名 鸭母树、鸭脚木

分布 我国华南和西南地区。生长于海拔100~2100m的常绿阔叶林地带。

特征 小枝较粗壮，嫩枝有毛，逐渐脱落，具叶痕。掌状复叶，小叶6~9枚呈椭圆形，革质，全缘。伞房花序总状排列形成圆锥状，花较小，数量多，呈白色。

互生

2~15m

11~12月

12月

金合欢

Acacia farnesiana

科名 豆科

属名 金合欢属

别名 鸭皂树、刺毬花、消息花、牛角花

分布 我国华南和西南各地。常生长于阳光充足，土壤疏松且肥沃的地带。

特征 树皮褐色分枝较多，小枝常"之"字形弯折。二回羽状复叶，小叶线形，托叶针刺状。腋生头状花序，花香，黄色。具荚果，成熟后近圆柱形。

互生

2~4m

3~6月

7~11月

茶条槭

Acer ginnala

科名 槭树科

属名 槭属

别名 茶条、华北茶条槭

分布 我国东北、西北和华北，蒙古、朝鲜和日本均有分布。生长于海拔800m以下的疏林地带。

特征 树皮灰色或灰褐色，较粗糙，有纵裂纹。叶纸质，长卵圆形或长椭圆形，会有3~5深裂，中央裂片锐尖，裂片均有钝尖锯齿，叶片冬季变红。多数花排列成伞房花序，花瓣白色，坚果，有翅。

对生

5~6m

5月

10月

榆叶梅

Amygdalus triloba

科名 蔷薇科

属名 桃属

别名 榆梅、栏支

分布 我国东北、西北和华东地区，现全国各地均有栽培。常生长于中低海拔的林缘或灌木丛地带。

特征 枝条开展，树皮灰色。树冠扁球形。叶片椭圆形或倒卵圆形，在上部常3裂，边缘有锯齿。先花后叶，花腋生，萼筒宽钟形，花瓣卵圆形，粉红色。核果球形，成熟时红色。

互生

2~3m

4~5月

5~7月

朱缨花

Calliandra haematocephala

科名 豆科

属名 朱缨花属

别名 美蕊花

分布 原产南美洲，我国的福建、广东和台湾有引种。

特征 枝条褐色，较粗糙，呈扩展状。二回羽状复叶，小叶长椭圆形。腋生头状花序，上有多数花，花冠管状，淡紫红色。荚果暗棕色，线状倒披针形。

互生

1~3m

8~9月

10~11月

黄槐决明

Cassia surattensis

科名 豆科

属名 决明属

别名 黄槐

分布 原产印度、斯里兰卡、菲律宾和澳大利亚等国家，我国热带地区有栽培。

特征 树皮灰褐色，较平滑。偶数羽状复叶，小叶卵形或长椭圆形，叶片全缘，叶轴和叶柄为棱状，叶轴下部有腺体。腋生总状花序，花瓣黄色。荚果扁平呈带状。

互生

5~7m

全年

全年

木瓜

Chaenomeles sinensis

科名 蔷薇科

属名 木瓜属

别名 榠楂、木李

分布 我国华东、华南、华中和华北等地区。

特征 树皮黄棕色或红棕色，呈斑驳状剥落。叶长椭圆形或卵圆形，叶缘有刺状尖锯齿，托叶小，卵状披针形。腋生单花，花萼筒钟状，花瓣倒卵形，浅粉色。果实木质，暗黄色，有芳香气味。

互生

5~10m

4~5月

9~10月

流苏树

Chionanthus retusus

[科名] 木樨科

[属名] 流苏树属

[别名] 炭栗树、如密花、四月雪

[分布] 我国华北、华中、华南和西南等地区。生长于海拔3000m以下的山坡、灌丛地带。

[特征] 树皮灰褐色或黑灰色，幼枝有柔毛。叶革质，椭圆形或圆形，叶全缘或具小锯齿。圆锥花序排列成聚伞状，花冠白色，深裂。果椭圆形，呈蓝黑色或黑色。

对生

20m

3~6 月

6~11 月

海州常山

Clerodendrum trichotomum

[科名] 马鞭草科

[属名] 大青属

[别名] 臭梧桐、泡火桐、后庭花

[分布] 我国华东、华南、华中和华北及西南部分地区。生长于海拔2400m以下的山坡灌丛地带。

[特征] 老枝灰白色，上有皮孔，幼枝、叶柄和花序轴都有黄褐色柔毛。叶片纸质，卵状三角形或卵状椭圆形，叶缘波状齿或全缘。聚伞花序排列成伞房状，二歧分枝，花冠白色或带粉红色，有香味。

对生

1.5~10m

6~11 月

6~11 月

长花龙血树

Dracaena angustifolia

科名 百合科

属名 龙血树属

别名 槟榔青

分布 我国广东、台湾和云南等省，东南亚广泛分布。

特征 茎通常不分枝，上有环状的叶痕，树皮灰色。叶革质，条状披针形，先端长尖，叶缘无锯齿，叶片两端微向内卷。圆锥花序，花几朵簇生或单生，绿白色。浆果橘黄色。

聚生

1~3m

3~5月

6~8月

鸡冠刺桐

Erythrina crista-galli

科名 豆科

属名 刺桐属

别名 鸡冠豆，巴西刺桐

分布 原产巴西，在我国的台湾、云南有栽培。

特征 茎上有紫红色皮刺。羽状复叶，小叶3枚，长卵形或披针状长椭圆形。花叶同期，顶生总状花序，花萼钟状，花深红色。有荚果，褐色。

互生

2~5m

6~9月

6~9月

龙牙花

Erythrina corallodendron

科名 豆科

属名 刺桐属

别名 象牙红，珊瑚树，珊瑚刺桐

分布 原产热带美洲，在我国华南、华东有栽培。

特征 树干和枝条有皮刺。羽状复叶，小叶3枚，菱状卵形。腋生总状花序，花2~3朵，稍下垂；花冠红色，蝶形。荚果较长，里面的种子多颗，深红色。

互生

3~5m

6月

9~11月

白杜

Euonymus maackii

科名 卫矛科

属名 卫矛属

别名 明开夜合、丝绵木

分布 我国除西南和两广等地外，其他地区均有分布。

特征 树皮灰褐色，有纵裂纹，小枝绿色。叶片革质，卵圆形或椭圆状卵形，叶缘具锯齿。聚伞状花序腋生，花淡绿色或黄绿色。蒴果心状倒圆形，成熟后变为橙红色。

对生

6m

5~6月

9月

木芙蓉

Hibiscus mutabilis

科名　锦葵科

属名　木槿属

别名　芙蓉花、酒醉芙蓉

分布　原产湖南，现华东、华南、华中和西南均有栽培。常生长于山坡、路旁或水边沙质土上。

特征　老枝灰白色，幼枝绿色。叶大，宽卵形或心形，有5~7裂，裂片三角形。花单朵腋生，花萼钟形，有5枚卵形裂片，花瓣近圆形，花白色或淡红色，逐渐变成深红色。

互生

2~5m

8~10月

12月

沙棘

Hippophae rhamnoides

科名　胡颓子科

属名　沙棘属

别名　中国沙棘、醋柳、高沙棘

分布　我国华北、西北部地区都有分布，常生长于海拔800~3600m的向阳山坡或沙漠河谷地带。

特征　枝上具多数粗壮棘刺；老枝灰褐色，较粗糙；幼枝褐绿色。叶单生，线形或线状披针形，两面都有银白色鳞斑，全缘。雌雄异株，花萼淡黄色，无花瓣。核果球形，橙黄色或橘红色。

对生

1~5m

4~5月

9~10月

栾树

Koelreuteria paniculata

互生

15m

6~8 月

9~10 月

科名　无患子科

属名　栾树属

别名　木栾、栾华、五乌拉叶

分布　我国大部分省份。常生长于海拔200~1200m的疏林地带。

特征　树皮灰褐色，上部分枝。一回或二回羽状复叶，小叶纸质，卵形至卵状披针形，叶缘具钝锯齿。圆锥花序顶生，排列呈聚伞状，花淡黄色，花瓣鳞片开花时变红色，有香味。

南紫薇

Lagerstroemia subcostata

对生

14m

6~8 月

7~10 月

科名　千屈菜科

属名　紫薇属

别名　马铃花、九荞、苞饭花

分布　我国华东、华南等地区。常生长于林缘以及溪边地带。

特征　树皮灰白色或茶褐色。叶片膜质，矩圆状披针形，叶面无毛或有小柔毛。顶生圆锥状花序，花多数，较小，呈白色或玫红色。蒴果椭圆形，种子有翅。

紫薇

Lagerstroemia indica

科名 千屈菜科

属名 紫薇属

别名 痒痒花、无皮树、百日红

分布 我国东北、华北、华东、华南、华中及西南等地区。

特征 树皮灰色或灰褐色，光滑。枝干扭曲，小枝顶生，具四棱。叶片纸质，椭圆形或长椭圆形。顶生圆锥状花序，花呈淡红色或紫色。蒴果椭圆形，成熟后紫黑色。

互生

7m

6~9 月

9~12 月

小蜡

Ligustrum sinense

科名 木樨科

属名 女贞属

别名 黄心柳、水黄杨、千张树

分布 我国华东、华南和西南地区有分布，越南和马来西亚均有栽培。生长于海拔200~2600m的山坡谷地。

特征 枝条灰褐色，幼枝有毛，以后毛逐渐脱落。叶纸质，长圆形或披针形，全缘，叶背沿中脉有短绒毛。塔形圆锥花序，花瓣4枚，白色。果近球形。

对生

2~4m

3~6 月

9~12 月

紫叶李

Prunus cerasifera f. *atropurpurea*

科名 蔷薇科

属名 李属

别名 红叶李、樱桃李

分布 我国新疆，华北及其以南地区广泛栽培。生长于海拔800～2000m的峡谷水边或山坡疏林地带。

特征 枝条暗灰色，呈开展状，偶有棘刺，幼枝暗红色。叶片纸质，紫红色，长椭圆形或卵圆形，叶缘有锯齿。单瓣花单生，花瓣白色，边缘波状，长圆形。

互生

8m

4 月

8 月

石榴

Punica granatum

科名 石榴科

属名 石榴属

别名 安石榴、山力叶、丹若

分布 原产地中海沿岸，现全球热带及温带地区都广为栽培。

特征 老枝圆柱形，幼枝棱形，枝顶尖刺状。叶片纸质，矩圆状披针形，叶全缘。花顶生，花萼卵状三角形，通常呈红色，花瓣皱，红色或黄色。浆果球形，内含多个种子，种外皮肉质，可食用。

对生

3～5m

5～6 月

7～8 月

盐肤木

Rhus chinensis

科名 漆树科

属名 盐肤木属

别名 五倍子树、盐肤子、盐酸白

分布 我国长江以南的各省市。生长于海拔170~2700m的向阳山坡、疏林、灌丛地带。

特征 枝条棕褐色，上有皮孔。奇数羽状复叶，有较宽的叶轴翅，小叶纸质，多为卵形或长圆形，叶缘有粗锯齿，叶背被白粉和锈色柔毛。圆锥状花序，分枝多，花呈白色。核果球形，成熟后变红色。

互生

2~10m

8~9月

10月

接骨木

Sambucus williamsii

科名 忍冬科

属名 接骨木属

别名 木蒴藋、续骨草、九节风

分布 我国东北、华北、华中、华东和华南地区。生于海拔540~1600m的灌丛、路旁或山坡地带。

特征 老枝淡红褐色，有皮孔。奇数羽状复叶，顶生小叶倒卵形，侧生叶狭圆形，具锯齿。花叶同期，顶生聚伞花序排列成圆锥花序，生于同一花梗，花萼筒杯状，小花白色或淡黄色。果红色。

对生

5~6m

4~5月

9~10月

野茉莉

Styrax japonicus

科名 安息香科

属名 安息香属

别名 耳完桃、君迁子、野花椿

分布 我国秦岭淮河以南均有分布。生长于海拔400~1804m的向阳坡地。

特征 树皮灰褐色，平滑，幼枝较扁，暗紫色。叶片纸质近革质，椭圆形或长椭圆形，叶缘上部有锯齿。顶生总状花序，花萼漏斗状，花冠倒卵形，白色，向下弯垂。果实卵形，种子褐色。

互生

4~8m

4~7 月

9~11 月

紫丁香

Syringa oblata

科名 木樨科

属名 丁香属

别名 紫丁白、华北紫丁香

分布 我国东北、华北以及西南地区，西北除新疆外也有分布。常生长在海拔300~2400m的山坡丛林或山谷地带。

特征 树皮灰褐色，具腺毛，有皮孔。树冠呈伞形。叶片厚纸质，宽卵形至肾形。侧生圆锥花序直立生长，花冠筒圆柱状，呈紫色，花密生。果倒卵状椭圆形，光滑。

对生

5m

4~5 月

6~10 月

灌木

  灌木是指高度在 3~6m 且没有明显主干的木
本植物的统称。也有一些植物本可以生长为灌木
或乔木，但由于生长条件的原因而没有长成灌木
或乔木，通常被称为"亚灌木"或"半灌木"。
人们根据枝条的生长形态将灌木分为直立灌木、
丛生灌木、垂枝灌木、蔓生灌木以及攀缘灌木。
灌木分枝小巧，在园林应用中较为广泛。

红桑

Acalypha wilkesiana

科名 大戟科

属名 铁苋菜属

别名 威氏铁苋、金边桑、金边莲

分布 原产斐济或波利尼西亚，我国热带地区有栽培。

特征 叶片纸质，卵形，先端渐尖，常为铜绿色或红色，上有紫色或暗红色斑块。雌雄同株异序，雄花团伞花序，雌花长卵形。蒴果3分果爿，种子球形。

互生

1~4m

全年

全年

朱砂根

Ardisia crenata

科名 紫金牛科

属名 紫金牛属

分布 我国华东、华南地区。常生长于海拔430~1500m的山坡、谷地。

特征 茎粗壮，不分枝。叶片坚纸质，椭圆形或长披针形，先端尖，叶缘有锯齿，或有稍外翻，疏齿。伞状花序排列成复伞花序侧生，花瓣白色。果球形，深红色。

互生

0.8~1.5m

5~6月

11~12月

伞房决明

Cassia corymbosa

科名 豆科

属名 决明属

分布 原产南美洲，我国黄河以南地区有栽培。

特征 分枝多，小枝外皮平滑。羽状复叶，小叶2~3对，长披针形或长椭圆形。花顶生或腋生，花瓣5枚，呈阔椭圆状，鲜黄色。早开的花先长成豆荚，荚果圆柱形，翌年3月以后才会掉落。

互生

2~3m

7~10 月

10 月 ~
翌年 3 月

散尾葵

Chrysalidocarpus lutescens

科名 棕榈科

属名 散尾葵属

别名 黄椰子

分布 原产于马达加斯加，我国热带地区有栽培。

特征 常丛生，茎基部会膨大。叶片羽状全裂，裂片纤长呈披针形，黄绿色，叶表面有蜡质白粉。圆锥花序生长在叶鞘下面，花瓣3枚，金黄色。果实椭圆形，土黄色，成熟干后变紫黑色。

互生

2~5m

5 月

8 月

苏铁

Cycas revoluta

科名 苏铁科

属名 苏铁属

别名 铁树

分布 我国东海沿海，华南和西南地区有栽培，北方地区常盆栽种植。

特征 茎粗壮，不分枝，上有宿存的叶茎和叶痕。羽状叶顶生，上有近百对羽片，羽片厚革质，线形，先端锐尖似尖刺。雌雄异株，雄株花圆柱形，上有土黄色长绒毛。雌株结果，赤红色。

互生

1~4m

6~7月

10月

小叶蚊母树

Distylium buxifolium

科名 金缕梅科

属名 蚊母树属

分布 我国华南、西南等地区，一般生长于海拔1000~1200m的河边灌丛或山林溪边地带。

特征 老枝棕褐色，有皮孔，幼枝纤细无毛。叶片革质，倒披针形，前端锐尖，叶缘无锯齿。雄花或两性花穗状花序腋生，雌花总状花序。蒴果卵形。

对生

1~2m

2~4月

8~10月

一品红

Euphorbia pulcherrima

科名 大戟科

属名 大戟属

别名 猩猩木、老来娇

分布 原产墨西哥，我国大部分省市都有栽培。

特征 茎直立，分枝多。叶片卵状椭圆形，先端急尖，边缘波状浅裂或全缘，有苞叶，狭卵圆形，朱红色。聚伞花序顶生，总苞坛状，有黄色腺体，没有花瓣。蒴果三棱状圆形，种子卵形。

互生

1~3m

10 月 ~ 翌年 4 月

10 月 ~
翌年 4 月

栀子

Gardenia jasminoides

科名 茜草科

属名 栀子属

别名 水横枝、黄栀子、山栀子

分布 我国除西北外全国各地都有分布。生长于海拔 10~1500m 的山谷、坡地。

特征 老枝灰色，幼枝绿色，有毛。叶片革质，长椭圆形或倒卵形，叶脉痕印深。花顶生，白色或乳黄色，香味浓郁。果实卵圆形，革质或带肉质，黄色。

对生

0.3~3m

3~7 月

5 月 ~
翌年 2 月

朱槿

Hibiscus rosa-sinensis

科名 锦葵科

属名 木槿属

别名 状元红、扶桑、佛桑、大红花

分布 我国广东、云南、台湾、福建、广西、四川等省区均有栽培。

特征 枝条纤细，圆柱形，上有柔毛。叶片狭圆形或阔卵圆形，前端渐尖，叶缘有锯齿或缺刻。花大，单生于上部叶腋，叶轴弯曲下垂，花冠漏斗状，红色、浅红色或浅黄色。蒴果卵形。

互生

1~3m

全年

全年

龟甲冬青

Ilex crenata cv. *convexa*

科名 冬青科

属名 冬青属

别名 龟背冬青

分布 我国长江中下游、华南及华北部分地区。

特征 老枝灰褐色，分枝多，小枝有毛。叶片革质，较小，椭圆形或长圆形，叶缘圆齿状。花小，聚伞状花序腋生，白色。果球形，成熟时黑色。

互生

5m

5~6月

8~10月

龙船花

Ixora chinensis

科名 茜草科

属名 龙船花属

别名 英丹、卖子木、山丹

分布 我国福建、台湾、广东和广西等省份有分布，常生长于海拔200~800m的山地、灌丛及疏林地带。

特征 老枝灰色，小枝深褐色。叶片薄纸质，长椭圆形或倒卵形，前端急尖。聚伞状花序顶生，花红色。浆果球形，成熟后紫红色。

对生

0.8~2.0m

4~8 月

9 月 ~ 翌年 3 月

探春花

Jasminum floridum

科名 木樨科

属名 茉莉属

别名 迎夏、鸡蛋黄、牛虱子

分布 我国华北及西南部地区。生长在海拔2000m以下的坡地、山谷林地带。

特征 小枝褐色。羽状复叶互生，小叶3~5枚，两面无毛，先端渐尖，叶缘无锯齿。聚伞状花序顶生，花黄色，花瓣椭圆形，向外微弯，花梗长，苞片锥形。果成熟后呈黑色。

互生

0.4~3m

5~9 月

9~10 月

马缨丹

Lantana camara

科名 马鞭草科

属名 马缨丹属

别名 五色梅、五彩花、如意草

分布 原产热带美洲，我国各地常见栽培。

特征 直立或蔓状生长，茎、枝四棱形，常有钩刺。叶纸质，卵形或长圆形，叶缘有钝齿。头状花序腋生，花萼筒状，花冠橙黄色或粉红色。果实圆球形，成熟后变紫黑色。

对生

1~2m

全年

全年

红花檵木

Loropetalum chinense var. *rubrum*

科名 金缕梅科

属名 檵木属

分布 我国湖南长沙有分布，其他地区均为栽培。

特征 老枝褐色，分枝多，小枝有毛。叶片革质，卵形，两面都有毛，红色，叶缘无锯齿。花在小枝顶端簇生，萼筒杯状，小花带状，紫红色。蒴果卵圆形。

互生

2m

4~5月

8月

十大功劳

Mahonia fortunei

科名 小檗科

属名 十大功劳属

别名 细叶十大功劳、狭叶十大功劳

分布 我国西南、华南等地区，常生长于海拔350~2000m的山坡灌丛或路边旷野地带。

特征 一回羽状复叶，小叶革质，披针形，叶缘具刺状锐齿。簇生总状花序，花瓣长圆形，花黄色，2轮生。浆果圆形或长圆形，蓝黑色，被白粉。

互生

2m

7~10 月

9~11 月

云南含笑

Michelia yunnanensis

科名 木兰科

属名 含笑属

别名 皮袋香

分布 云南中南部，在海拔1100~2300m的山地、灌木丛中有生长。

特征 幼枝上有锈色绒毛，枝叶茂密。叶片革质，倒卵形或狭倒卵状椭圆形，叶面光泽，背面具柔毛。花乳白色，具芳香。聚合蓇葖果扁球形，通常仅5~9个发育。

互生

2~4m

3~4 月

8~9 月

夜香树

Cestrum nocturnum

科名　茄科

属名　夜香树属

别名　夜来香、夜香花

分布　我国南部地区。生长于阳光充足、气候温润的地带。

特征　叶矩形卵圆状，先端渐尖，叶缘无锯齿，基部近圆形，两面光滑无毛。花白色至黄绿色，到夜晚散发香味，花萼钟状，花药极短。

互生

2~3m

5~10 月

10~12 月

南天竹

Nandina domestica

科名　小檗科

属名　南天竹属

别名　白天竹、红杷子

分布　我国华东、华南、华中和西南地区，常生长于海拔1200m以下的路边或灌丛地带。

特征　丛生直立生长，分枝较少。2~3回羽状复叶，小叶革质，具光泽，叶片椭圆状披针形，全缘，平时为绿色，秋冬季会变红色。圆锥状花序较大，花白色。浆果球形，成熟后为红色或黄色。

互生

1~3m

3~6 月

5~11 月

夹竹桃

Nerium indicum

科名　夹竹桃科

属名　夹竹桃属

别名　枸那、红花夹竹桃

分布　我国各地均有栽培，南方尤其多。

特征　枝条灰绿色，直立生长。叶片薄革质，狭披针形，先端急尖，边缘有反卷，叶面深绿，背面浅绿。聚伞状花序顶生，花红色。种子狭椭圆形，褐色。

轮生

5m

全年

冬春季

光叶海桐

Pittosporum glabratum

科名　海桐花科

属名　海桐花属

别名　山栀茶、土连翘、长果满天香

分布　我国海南、广东、广西和贵州等地，常生于山坡、溪边地带。

特征　叶片薄革质，倒披针形或长圆形，聚生枝顶，叶缘波状，全缘。花簇生于枝顶叶片的叶腋上，组成伞状花序，花瓣分离往外卷，黄色。蒴果椭圆，种子近圆形，红色。

互生

2~3m

4月

9月

火棘

Pyracantha fortuneana

科名 蔷薇科

属名 火棘属

别名 火把果、红子、豆金娘

分布 我国华东、华中和西南地区。生长于海拔500~2800m的山地、丘陵或向阳坡的草丛地带。

特征 枝顶常成刺状，老枝暗褐色，小枝具锈色柔毛。叶片薄革质，倒卵形或卵状长圆形，叶缘具钝状锯齿。复伞房花序，花萼筒钟状，花瓣白色，花药黄色。果实圆形，橙红色或深红色。

互生

3m

3~5月

8~11月

棕竹

Rhapis excelsa

科名 棕榈科

属名 棕竹属

别名 筋头竹、观音竹、虎散竹

分布 我国长江以南有分布，常栽于庭院或宅边。

特征 常丛生，茎上有节，上部叶鞘常为松散的黑色网状纤维。叶片掌状深裂，裂片阔线形或线状披针形，叶缘有小锯齿，常具缺刻。雌雄异株，雌花比雄花大。花序肉质，佛焰苞管状。浆果球形。

互生

2~3m

6~7月

11~12月

马银花

Rhododendron ovatum

科名	杜鹃花科
属名	杜鹃花属
别名	清明花

分布 我国华东、华南以及西南地区。常生长于海拔1000m以下的灌木丛地带。

特征 枝条灰褐色，小枝有毛。叶革质，卵状椭圆形或卵形，叶面有光泽，深绿色。花单生于枝顶叶腋，花冠紫色或粉红色。蒴果卵球形。

互生

2~4m

4~5月

7~10月

铺地柏

Sabina procumbens

科名	柏科
属名	圆柏属
别名	矮桧、偃柏

分布 原产日本，我国山东省和华东地区有栽培。

特征 匍匐生长，枝条褐色，沿地面生长，小枝密生向上斜生。叶全为刺叶，交叉轮生，刺形叶条状披针形，先端锐尖，上面凹下面凸。球果近球形，成熟后变黑色。

轮生

75cm

3~5月

9~11月

六月雪

Serissa japonica

科名 茜草科

属名 白马骨属

别名 碎叶冬青

分布 我国华东、华南及西南地区，日本和越南也有分布。

特征 枝条常呈铺地状。叶片革质，较小，卵形或倒卵形，两面无毛，边缘无锯齿。花小，单朵或多朵生于枝顶或叶腋，花冠白色或淡红色，雄蕊伸出。

对生

60~90cm

5~7 月

9~11 月

大花六道木

Abelia × grandiflora

科名 忍冬科

属名 六道木属

别名 交翅木、六条木

分布 我国辽宁、河北、山西等省份有分布。生长于海拔200~1200m的山坡灌丛或林地。

特征 树皮灰色，幼枝被倒生硬毛，老枝无毛。叶片革质，长圆状披针形，全缘或上部浅裂成羽状。花单生于叶腋，花冠高脚碟形或狭漏斗形，白色或淡黄色。

对生

1~3m

3~4 月

8~9 月

鸡爪槭

Acer palmatum

科名 槭树科

属名 槭属

别名 鸡爪枫

分布 我国华东、华中、西南等地区。生长于海拔200~1200m的林边或疏林地带。

特征 树皮深灰色，初生枝淡紫色，多年后变深紫色。叶掌状，纸质，7~9裂，表面无毛，背面叶脉上有白色丛毛。花朵紫红色，花瓣倒卵形，先端圆钝。果有小翅。

对生

6~7m

5 月

9 月

紫穗槐

Amorpha fruticosa

科名 豆科

属名 紫穗槐属

别名 穗花槐、棉槐

分布 原产美国，我国东北、华北、西北及华中地区有栽培。

特征 植株丛生，枝多叶茂，树皮暗灰色，幼枝灰褐色。奇数羽状复叶，小叶纸质，卵形或披针状椭圆形，全缘。穗状花序，花蝶形，紫色。荚果扁平，稍有弯曲，棕褐色。

互生

1~4m

5~10月

5~10月

锦鸡儿

Caragana sinica

科名 豆科

属名 锦鸡儿属

别名 坝齿花、黄雀梅、娘娘花

分布 我国华东、华南、华中和西南等地区有分布，常生长于林缘或灌木丛地带。

特征 树皮深褐色，小枝黄褐色或灰色。偶数羽状复叶，小叶2对，厚革质或硬纸质，长圆状倒卵形，全缘。花单生于叶腋，花蝶形，黄色或深黄色。荚果呈扁圆筒形，无毛。

互生

1~2m

4~5月

7月

贴梗海棠

Chaenomeles speciosa

科名 蔷薇科

属名 木瓜属

别名 皱皮木瓜

分布 我国华东、华中和西南地区，各地常见栽培。

特征 枝条棕褐色，直立开展，小枝紫褐色或黑褐色，枝顶生长成刺。叶片革质，长椭圆形或卵圆形，叶缘具尖锯齿，托叶大，肾形或半圆形。先花后叶，花簇生于二年枝上，单瓣，近圆形，红色或淡红色。果实球形，呈黄色。

互生

2~3m

3~5月

9~10月

蜡梅

Chimonanthus praecox

科名 蜡梅科

属名 蜡梅属

别名 蜡木、黄梅花、狗蝇梅、大叶蜡梅

分布 我国华东、华中和西南地区有分布，欧洲、美洲等大洲，日本和朝鲜等国都有引种栽培。

特征 老枝灰褐色，有皮孔，小枝四方形。叶片纸质或革质，卵圆形或卵状椭圆形。花先叶开放，生于二年枝的叶腋，具芳香，花瓣黄色。蒴果椭圆形。

对生

4m

11月~翌年3月

4~11月

黄栌

Cotinus coggygria

科名 漆树科

属名 黄栌属

别名 摩林罗、黄杨木、乌牙木

分布 我国华北和西南各地。生长于海拔700~1620m的向阳山坡地。

特征 老枝灰色，小枝紫红色，木质部黄色。叶片卵圆形或倒卵形，两面都有毛，全缘，秋天经霜后变黄。顶生圆锥状花序，花杂性，较小，多数不育花的花梗在夏初伸长，呈紫色羽毛状。

互生

3~5m

5~6月

7~8月

水枸子

Cotoneaster multiflorus

科名 蔷薇科

属名 枸子属

别名 香李、枸子木、多花枸子

分布 我国东北、华北、西北和西南地区，常生长于海拔1200~3500m的山坡灌丛或山沟谷地。

特征 枝条灰色，细长呈拱形，小枝红褐色。叶片卵状，先端急尖。聚伞状花序腋生，花数量多且疏松，单瓣，白色。果实近圆形，红色。

互生

2~4m

5~6月

8~9月

大花溲疏

Deutzia grandiflora

科名 虎耳草科

属名 溲疏属

别名 华北溲疏

分布 我国长江以北地区有分布。常生长于海拔800~1600m的山坡灌丛或路边地带。

特征 老枝灰色，小枝褐色或灰褐色。叶片纸质，菱状卵圆形或卵状椭圆形，先端急尖，叶缘有锯齿。顶生聚伞状花序，萼筒杯状，花单瓣，白色。蒴果半圆形。

对生

1~2m

4~6月

9~11月

结香

Edgeworthia chrysantha

科名 瑞香科

属名 结香属

别名 黄瑞香、金腰带、
密蒙花、雪花皮

分布 我国华东、华南、华
中和西南地区。生长于山谷
林下或山坡灌丛。

特征 枝棕红色，粗壮。叶
片纸质，披针状椭圆形或倒
披针形，全缘。先花后叶，
头状花序稍有下垂，上有多
朵黄色小花，气味芳香。果
椭圆形，绿色。

互生

1~2m

3~4 月

8 月

卫矛

Euonymus alatus

科名 卫矛科

属名 卫矛属

别名 八木、鬼见愁、见
肿消

分布 除东北、新疆、青
海、西藏、广东及海南以外，
全国名省区均产。生长于山
坡、沟地边沿。

特征 枝条绿色，斜向生
长。叶片纸质，卵状椭圆形
或菱状倒卵形，叶缘有小锯
齿。腋生聚伞状花序，花瓣
倒卵圆形，淡黄绿色。蒴
果，上有深裂，种子椭圆
形，橙红色。

对生

1~3m

5~6 月

7~10 月

无花果

Ficus carica

科名 桑科

属名 榕属

别名 应日果、品仙果

分布 原产于地中海，土耳其至阿富汗有分布，我国各地都有栽培。

特征 直立生长，树皮灰褐色，多分枝，具皮孔。叶片厚纸质，近圆形，叶缘锯齿不规则。雌雄异株，隐头花序单生叶腋，似无花。榕果椭球形，成熟时紫红色，胚乳丰富，可食用。

互生

3~20m

5~7 月

5~7 月

金钟花

Forsythia viridissima

科名 木樨科

属名 连翘属

别名 迎春柳、迎春条、金梅花、金铃花

分布 我国长江流域至西南，华北以南广泛栽培。生长在海拔300~2600m的山谷林缘和山坡灌丛。

特征 直立生长，老枝红棕色，幼枝黄绿色。叶片纸质，长椭圆形或披针形，边缘有锯齿。先花后叶，花常数朵生长于叶腋，花冠深黄色。果卵圆形。

对生

约 3m

3~4 月

8~11 月

连翘

Forsythia suspensa

科名 木樨科

属名 连翘属

别名 黄花杆

分布 我国东北至中部地区。在日本也有栽培。生长于海拔250~2200m的灌丛或疏林地带。

特征 直立生长，枝条棕褐色或淡黄褐色，下垂。叶通常为单叶，也有3裂或三出复叶的情况；叶片纸质，宽卵形或椭圆状卵形。先花后叶，花数朵生于叶腋，黄色。果卵球形，绿色。

对生

约3m

3~4月

7~9月

木槿

Hibiscus syriacus

科名 锦葵科

属名 木槿属

别名 白面花、白玉花、朝天子、红花木槿

分布 原产我国中部，现全国各地均有栽培。

特征 直立生长，分枝多。叶片纸质，菱状卵圆形或卵形，有或深或浅的3裂，叶缘有锯齿。花单生于叶腋，钟形，淡紫色或粉红色。蒴果卵圆形，种子肾形。

互生

3~4m

7~10月

9~10月

灌木

落叶灌木

绣球荚蒾

Viburnum macrocephalum

科名 忍冬科

属名 荚蒾属

别名 木绣球

分布 我国长江下游地区常见栽培，生长在山地林间，或在平原向阳地带也有生长。

特征 树皮灰褐色或灰白色。树冠卵球形。叶片纸质，卵圆形或卵状椭圆形，叶缘有小齿。不育花密集呈聚伞状花序，花球状，白色。

对生

约4m

4~5月

9~10月

金丝桃

Hypericum monogynum

科名 藤黄科

属名 金丝桃属

别名 五心花、狗胡花、照月莲

分布 分布于我国华东、华南、华中和西南部分地区。生长于海拔1500m以下的山坡、路旁地带。

特征 分枝多，小枝红褐色。叶片纸质，长披针形或椭圆状披针形，全缘。花两性，单生或聚生于枝顶，花瓣和花丝等长或稍短，鲜黄色。蒴果近球形。

对生

0.5~3.0m

5~8月

8~9月

迎春花

Jasminum nudiflorum

科名 木樨科

属名 素馨属

别名 金腰带、清明花

分布 我国长江上游地区。世界各地广泛栽培。生长于海拔800~2000m的山坡灌丛地带。

特征 枝条下垂，小枝四棱形，稍扭曲。小枝基部有单生叶，其他为三出复叶，小叶片长卵形，叶缘反卷，顶生叶比侧生叶大。花单生于去年枝的叶腋，花冠黄色，先花后叶。

对生

0.3~5m

4~5月

6月

棠棣花

Kerria japonica

科名 蔷薇科

属名 棣棠花属

别名 鸡蛋黄花、土黄条

分布 我国陕西省、甘肃省和长江流域均有分布。生长于海拔200~3000m的山坡灌丛地带。

特征 小枝绿色，丛生，常弯曲成拱垂状。叶片纸质，三角状卵形，先端渐尖，叶脉痕迹深，边缘有重锯齿。花单生于侧枝枝顶，两性，黄色。

互生

1~2m

4~6月

6~8月

胡枝子

Lespedeza bicolor

科名 豆科

属名 胡枝子属

分布 我国东北、华北、华中和华南地区。生长于海拔150~1000m的山坡、林缘地带。

特征 直立生长，枝条暗褐色，多分枝。羽状3出复叶，小叶薄纸质，卵状长圆形，全缘。腋生总状花序组成圆锥花序，花蝶形，红紫色。荚果斜倒卵形。

互生

1~3m

7~9月

9~10月

金银忍冬

Lonicera maackii

科名 忍冬科

属名 忍冬属

别名 金银木

分布 我国东北、华北、华东、华中以及西南地区，生于海拔1800m以下的林缘或灌丛地带。

特征 茎粗壮，除老枝外其余皆被短柔毛。叶片纸质，卵状披针形。花腋生，初为白色，后变黄色，具芳香。果实球形，暗红色，2枚合生。

对生

6m

5~6月

8~10月

枸杞

Lycium chinense

科名 茄科

属名 枸杞属

别名 枸杞菜、红珠仔刺、狗牙根、狗奶子

分布 我国大部分地区。常生长于山坡、田埂地带。

特征 外皮灰色，茎干较细，有短棘生于叶腋。叶片较小，卵状披针形，两面无毛，边缘无锯齿。花常1~2朵簇生于叶腋，花冠漏斗状，淡紫色。浆果卵形，红色。

互生

0.5~1.0m

6~11 月

6~11 月

牡丹

Paeonia suffruticosa

科名 毛茛科

属名 芍药属

别名 洛阳花

分布 我国黄河中下游地区，现全国各地都有栽培。国外也有引种。

特征 枝粗壮，分枝短。二回三出复叶，茎顶有三小叶，最上面的叶宽卵形，3中裂，裂片有时还会开裂，侧生叶长椭圆形，有不等深的浅裂。花在枝顶单生，重瓣或5枚花瓣，颜色多。

互生

1~2m

5 月

6 月

风箱果

Physocarpus amurensis

科名 蔷薇科

属名 风箱果属

别名 托盘幌

分布 我国黑龙江和河北等地。朝鲜和俄罗斯的远东地区也有分布。

特征 老枝灰褐色，小枝紫红色，稍弯曲。叶片纸质，宽卵形，基部常3裂，偶有5裂，叶缘锯齿较深。伞形花序排列成总状，苞片红色，花瓣白色，花药紫色。蓇葖果膨胀，卵形长渐尖头。

互生

约 3m

6 月

7~8 月

丁香杜鹃

Rhododendron farrerae

科名 杜鹃花科

属名 杜鹃属

别名 华丽杜鹃

分布 我国东南部地区，生长于海拔800~2100m的山地密林地带。

特征 枝条较为坚硬，黄褐色。叶革质，卵形，前端钝，叶缘有睫毛。花冠辐状漏斗形，紫丁香色，花常几朵顶生，先叶开放，花冠管常5裂，最小的一裂上长有紫红色斑点，边缘皱成波状。蒴果长圆柱形。

互生

1.5~3m

5~6 月

7~8 月

迎红杜鹃

Rhododendron mucronulatum

科名 杜鹃花科

属名 杜鹃属

分布 我国东北地区，及山东、江苏北部有分布。在俄罗斯、蒙古、日本和朝鲜等国也有分布。

特征 分枝多，小枝细长。叶片薄纸质，卵形或卵状披针形，先端锐尖或渐尖，边缘有细圆锯齿。伞状花序腋生，先叶开放，花冠宽漏斗状，淡红紫色；花丝线状，花柱细长，居于花冠中间。

互生

约 12m

4~6 月

5~7 月

杜鹃

Rhododendron simsii

科名 杜鹃花科

属名 杜鹃属

别名 杜鹃花、映山红、照山红

分布 我国长江流域及以南有分布。生长于海拔 500~1200m 的疏林或灌丛地带。

特征 树皮有纵裂，老枝灰黄色，分枝多且细，密被棕褐色柔毛。叶片有两种，春叶纸质，夏叶革质，长圆状披针形或椭圆状卵形。顶生伞状花序，花冠宽漏斗状；花丝线状，花柱细长。

互生

2~5m

4~5 月

6~8 月

月季花

Rosa chinensis

科名 蔷薇科

属名 蔷薇属

别名 月月红

分布 原产中国，现全世界均有栽培。

特征 直立生长，茎上有粗壮的钩状皮刺。奇数羽状复叶，叶柄和叶轴上有刺，小叶长圆形，叶缘有锐锯齿。花梗长，花常几朵簇生，重瓣。果实卵形，红色。园艺品种多。

互生

1~2m

4~9 月

6~11 月

黄刺玫

Rosa xanthina

科名 蔷薇科

属名 蔷薇属

别名 黄刺莓

分布 我国东北、华北地区，多见于庭园栽培观赏。

特征 直立生长，枝密集，小枝上疏生皮刺。奇数羽状复叶，叶轴和叶柄疏生柔毛和皮刺，小叶宽卵形，有锯齿。花单生在叶腋上，黄色。果近球形，黑褐色。

互生

2~3m

4~6 月

7~8 月

玫瑰

Rosa rugosa

科名 蔷薇科

属名 蔷薇属

分布 原产我国华北，以及日本和朝鲜。现我国各地广泛栽培。

特征 直立生长，枝干粗壮，丛生；小枝密被绒毛，上有针刺和皮刺。奇数羽状复叶，叶柄和叶轴上布满绒毛，上有疏生皮刺和针刺，叶片长椭圆形，两面都有毛。花芳香，果肉质，扁球形。园艺栽培多。

互生

约2m

5~6月

8~9月

华北珍珠梅

Sorbaria kirilowii

科名 蔷薇科

属名 珍珠梅属

别名 珍珠梅

分布 我国华北地区。生长于海拔200~1300m的山坡向阳地或灌木丛林地。

特征 枝条红褐色，幼枝绿色。奇数羽状复叶，小叶片纸质，椭圆状披针形，叶缘有尖锐的重锯齿。圆锥状花序顶生，又大又密，花白色。蓇葖果，长圆柱形。

互生

约3m

6~7月

9~10月

麻叶绣线菊

Spiraea cantoniensis

科名 蔷薇科

属名 绣线菊属

别名 麻叶绣球、粤绣线菊、麻毬、石棒子

分布 我国长江以南的沿海地区，在华南、华中地区也常见栽培。

特征 枝条拱形弯曲，幼枝暗红褐色，小枝呈"之"字形弯曲。叶片纸质，菱状披针形或卵状菱形，边缘上部有缺刻。伞形花序，花白色，有总梗。蓇葖果直立张开，无毛。

互生

1.5m

4~5 月

7~9 月

三裂绣线菊

Spiraea trilobata

科名 蔷薇科

属名 绣线菊属

别名 三桠绣球、三裂叶绣线菊

分布 我国东北和华北地区。生于海拔450~2400m的坡地向阳处或灌木丛地带。

特征 枝条暗灰褐色，幼时褐黄色。叶片薄革质，近圆形，叶缘中部以上有圆的钝锯齿。腋生伞形花序，有15~30多小花生于同一花梗，花白色。蓇葖果开张。

互生

1~2m

5~6 月

7~8 月

红瑞木

Swida alba

科名　山茱萸科

属名　梾木属

别名　凉子木

分布　我国华东、华北、东北和西北地区。欧洲及朝鲜、俄罗斯也有分布。常生长于海拔600~1700m的杂木林或针叶混交林地带。

特征　树皮紫红色，老枝血红色。叶片纸质，椭圆形，全缘或叶缘波状反卷。顶生聚伞花序组成伞房状，花黄白色，较小。核果斜卵圆形，成熟时白色或稍带蓝紫色。

对生

3m

6~7 月

8~10 月

凤尾丝兰

Yucca gloriosa

科名　龙舌兰科

属名　丝兰属

别名　凤尾兰

分布　原产北美洲，我国南北均有栽培。

特征　常绿灌木，茎短，有时可高达5m，具分枝。叶剑形，质挺直向上斜展，粉绿色，顶端长渐尖且具坚硬刺，边全缘或老时具白色丝状纤维。顶生狭圆锥状花序，花下垂，乳白色，花被片6，长圆形或卵状椭圆形。果卵状长圆形。

互生

0.5~2m

秋季

无

藤本

　　藤本是指植物茎部柔软，且不能直立生长，需要攀附于其他支撑物或地面才能够生长的植物。人们根据它的茎部结构是否为木质将其分为"木质藤本"和"草质藤本"；根据其落叶特性分为"常绿藤本"和"落叶藤本"。在野外，藤本常攀缘在树木上；在园林应用中，藤本常为立体绿化的一部分或植物廊架，也可用来遮挡景观效果不明显的区域。

扶芳藤

Euonymus fortunei

科名 卫矛科

属名 卫矛属

分布 我国长江下游各省，生于山坡树丛地带。

特征 叶片薄革质，椭圆形或长倒卵形，宽窄变化大，叶缘有齿但不明显。聚伞状花序多分枝，有单朵花生于分枝的中间，花绿白色。蒴果粉红色，果皮无毛，种子棕褐色，外面的假种皮鲜红色。

对生

1~10m

6月

10月

铁海棠

Euphorbia milii

科名 大戟科

属名 大戟属

别名 虎刺、虎刺梅、麒麟花

分布 原产非洲，我国南北方均有栽培，常见于公园、植物园和庭院中。

特征 茎多分枝，具纵棱，密生硬而尖的锥状刺。叶倒卵形或长圆形，先端圆，叶缘无锯齿。花红色，生于枝干上部叶腋，苞片肾圆形，先端有小尖头。果三角状卵形，平滑无毛。

互生

0.6~1.0m

全年

全年

薜荔

Ficus pumila

科名 桑科

属名 榕属

别名 凉粉子、木莲、木馒头

分布 我国长江以南地区。生长于海拔50~800m的山区、丘陵等地。

特征 有不定根，生于不结果的枝节上；茎灰褐色，分枝多。叶片有两种，营养枝上的叶小又薄，心状卵形；繁殖枝上的叶大且厚，椭圆形。单性花为隐头花序。瘦果棕褐色，较小。

互生

长 12m

5~8 月

5~8 月

常春藤

Hedera nepalensis var. *sinensis*

科名 五加科

属名 常春藤属

别名 爬树藤、爬墙虎

分布 我国华东、华中、华南和西南地区。欧洲和美洲也有分布。生长在海拔12~3500m的树下或屋旁地带。

特征 具气生根，茎灰棕色。叶片革质，不育枝上的叶片三角状长圆形，花枝上的叶片椭圆状披针形，全缘或3浅裂。顶生伞形花序，花芳香，淡黄白色或淡绿白色。果圆形，红色。

互生

长 3~20m

9~11 月

翌年
3~5 月

金银花

Lonicera japonica

科名 忍冬科

属名 忍冬属

别名 忍冬、金银藤

分布 我国除西北地区和黑龙江省外都有分布。常生长于海拔1500m以下的疏林、灌丛地带。

特征 叶片纸质，长圆状卵形或椭圆状披针形，全缘。花腋生，常成对生于同一花梗，花冠筒细长，花冠唇形，上唇4裂，下唇带状，前端外翻；花初开时白色，之后变黄。浆果球形，成熟时蓝黑色。

对生

长 9m

4~7月

6~11月

龟背竹

Monstera deliciosa

科名 天南星科

属名 龟背竹属

分布 原产于墨西哥，我国福建、广东、云南等省份均有栽培。

特征 有气生根，茎粗壮，绿色，茎上叶痕半月形。叶片厚革质，轮廓卵形，羽状分裂，裂片长椭圆形，常有椭圆状孔洞。佛焰苞厚革质，船形，近淡黄色。肉穗花序和浆果都为淡黄色。

互生

3~6m

8~9月

翌年花期之后

白花油麻藤

Mucuna birdwoodiana

科名 豆科

属名 黧豆属

别名 大兰布麻、鸡血藤、血枫藤

分布 我国江西、福建、广东、广西、贵州、四川等省区。

特征 老茎外皮灰褐色，幼茎具纵沟槽，皮孔褐色，凸起。羽状复叶具3小叶。总状花序生于老枝上或生于叶腋，花萼内面与外面密被浅褐色伏贴毛，外面被红褐色脱落的粗刺毛，萼筒宽杯形，花冠白色或带绿白色。

互生

长 4m

4~6 月

6~11 月

络石

Trachelospermum jasminoides

科名 夹竹桃科

属名 络石属

别名 石龙藤、耐冬、白花藤

分布 我国除了东北、西北和内蒙古外都有分布。

特征 茎红褐色，有皮孔。小枝被短柔毛，老枝无毛。叶革质，卵形、倒卵形或窄椭圆形，全缘，无毛或下面疏被短柔毛。聚伞花序圆锥状顶生或腋生，常二歧分枝。花白色，香味浓。

对生

长 10m

3~7 月

7~12 月

凌霄

Campsis grandiflora

科名 紫葳科

属名 凌霄属

别名 紫葳、苕华、过路娱蚣

分布 我国华东、华南、华中和西南地区，华北地区有栽培。

特征 具气生根，茎部木质，表皮脱落，枯黄色。奇数羽状复叶，小叶卵形或卵状披针形，叶缘具齿，叶片无毛。花单生叶腋，花冠外面橙黄色，里面鲜红色。有蒴果。

对生

长 20m

5~8 月

8~10 月

五叶地锦

Parthenocissus quinquefolia

科名 葡萄科

属名 地锦属

别名 五叶爬山虎

分布 原产于北美洲，我国东北、华北各地有栽培。

特征 幼枝常带紫红色，具卷须，遇到附着物是会扩大为吸盘。掌状复叶，小叶5枚，倒卵形或倒卵状椭圆形，边缘有粗锯齿。聚伞花序排列成圆锥状顶生，花黄色。浆果球形，成熟时紫黑色。

互生

长 20m

6~7 月

8~10 月

地锦

Parthenocissus tricuspidata

科名 葡萄科

属名 地锦属

别名 爬山虎、土鼓藤、
红葡萄藤

分布 我国东北、华东以及
南方沿海地区。生长于海拔
150~1200m的山坡、崖石壁
或灌木丛地带。

特征 枝条粗壮，分枝多，
枝上有吸盘。叶片薄革质，
宽卵形，3浅裂，叶缘具齿。
聚伞状花序生于枝顶叶腋，
花瓣前端弯曲，花绿色。浆
果球形，成熟时蓝黑色。

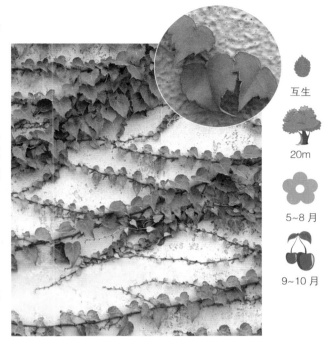

互生

20m

5~8 月

9~10 月

野蔷薇

Rosa multiflora

科名 蔷薇科

属名 蔷薇属

分布 我国黄河流域及其以
南地区。日本、朝鲜等国家
也有分布。

特征 枝稍弯曲，小枝圆柱
状，无毛。奇数羽状复叶，
小叶薄纸质，倒卵形或长圆
形，前端急尖，叶缘常有尖
锐重锯齿。圆锥状花序腋
生，花瓣白色。果球形，红
褐色或紫褐色。

互生

长 5m

5~6 月

9~10 月

葡萄

Vitis vinifera

科名　葡萄科

属名　葡萄属

别名　蒲陶、草龙珠、赐紫樱桃

分布　原产欧洲、西亚和北非。现我国各地都有栽培。

特征　缠绕藤本，具卷须，二叉状分枝，与叶对生。叶片纸质，圆形或卵圆形，3~5裂，叶缘有锯齿。雌雄异株，圆锥状花序又大又长，花瓣黄绿色。浆果绿色，成熟后紫黑色或稍带青色。

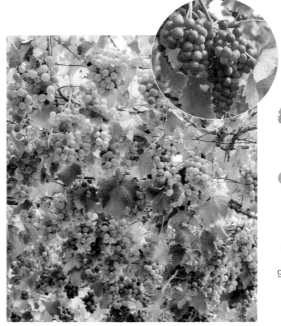

互生

15m

6月

9~10月

紫藤

Wisteria sinensis

科名　豆科

属名　紫藤属

别名　豆、葛花、黄纤藤

分布　我国长江、黄河流域和东北地区。

特征　缠绕藤本，茎左旋，皮灰褐色，分枝多。单数羽状复叶，小叶对生，卵状披针形，边缘全缘或波纹状。先花后叶，总状花序顶生或腋生，花冠紫色。荚果披针形，不会脱落。

互生

长 20m

4~5月

5~8月

竹类

竹类是禾本科的草本植物，有七十多个属，大约 1450 种。人们根据竹类的生长方式将其分为三大类：一类是丛生竹，即母竹基部发芽生长成幼竹；第二类是散生竹，即竹子的鞭根向外延展，其上的芽在不远处生出幼竹；第三类是既能母竹发芽又能鞭根发芽，生出的竹丛叫混生竹。竹种类较多，四季常青且形态不一，在园林和生活中用途广泛。

凤尾竹

Bambusa multiplex cv. *fernleaf*

科名 禾本科

属名 簕竹属

分布 我国华东、华南、西南地区以及台湾、香港均有栽培。

特征 孝顺竹的变种。植株较其他变种较为高大，小枝会下弯。节间长30~50cm，上部幼时有小刺毛，竿基部自第二节开始分枝，枝条簇生。叶片线形，抱茎，上面无毛，下面粉绿而密被较短柔毛。假小穗单生于花枝节上，线状披针形。成熟颖果未见。

互生

4~7m

4~10月

孝顺竹

Bambusa multiplex

科名 禾本科

属名 簕竹属

别名 慈孝竹、蓬莱竹、凤凰竹

分布 原产越南，我国东南部至西南部，野生或栽培。

特征 竿绿色，上部幼时有小刺毛，老时光滑无毛。竿基部自第二节开始分枝，枝条簇生，主枝稍较粗长。叶片线形，下面粉绿而密被短柔毛。假小穗单生于花枝节上，线状披针形。成熟颖果未见。

互生

4~7m

4~10月

佛肚竹

Bambusa ventricosa

科名 禾本科

属名 箣竹属

别名 佛竹、罗汉竹、密节竹

分布 原产广东，现南方各地都有栽培。

特征 有两种竿，正常竿高8~10m，下部稍曲折，中上部节间枝簇生；畸形竿高25~50cm，节间短缩基部膨大，形似瓶状，分枝较高，常单枝生长。叶片线状披针形，背面密生短柔毛，叶缘有小锯齿。

互生

3~10m

4 ~ 5月

黄金间碧竹

Bambusa vulgaris cv. *vittata*

科名 禾本科

属名 箣竹属

别名 青丝金竹

分布 我国云南、广西、广东、海南和台湾等地。生长于海拔300~800m的林地。

特征 丛生，竿黄色，有绿色的纵条纹。叶片披针形或线状披针形，顶端渐尖，两面无毛。假小穗常单枚或多枚簇生于花枝节间，小穗上有多朵小花。

互生

6~15m

4 ~ 10月

毛竹

Phyllostachys heterocycla cv. *Pubescens*

科名 禾本科

属名 刚竹属

别名 南竹、猫头竹、江南竹

分布 我国秦岭淮河以南以及黄河流域。日本和欧洲、美洲有引种。

特征 新竿绿色，密被细柔毛，有白粉；老竿灰褐色，无毛。叶片较薄，披针形。花枝穗状；佛焰苞复瓦状排列，偏于一侧，每片营养佛焰苞内有1~3枚假小穗，小穗仅有1朵小花，针状。

互生

约20m

4月

紫竹

Phyllostachys nigra

科名 禾本科

属名 刚竹属

分布 原产我国，现我国南北各地都有栽培。在印度、日本和欧美国家都有引种栽培。

特征 竿幼时绿色，密被短柔毛和白粉，一年后逐渐开始出现紫斑，最后全部变为紫黑色，节间长度25~30cm。叶片薄质，披针形。短穗状花枝，佛焰苞4~6片，内有1~3枚假小穗。小穗披针形。

互生

4~8m

4月下旬

— INDEX —
索引

中文索引